Immunität, Infektionstheorie

und

Diphtherie-Serum.

Drei kritische Aufsätze

von

Dr. A. Gottstein   und   **Dr. C. L. Schleich.**

Zweite Auflage.

Springer-Verlag Berlin Heidelberg GmbH 1894

ISBN 978-3-662-38981-2   ISBN 978-3-662-39948-4 (eBook)
DOI 10.1007/978-3-662-39948-4

Vorwort.

Die Verfasser unternehmen es, öffentlich diejenigen
Zweifel und Einwände auszusprechen, in welchen sie im
Laufe eines dauernden gegenseitigen wissenschaftlichen
Austausches über die Entstehung der Infektionskrankheiten
und ihre Bekämpfung übereinstimmten. Die staunens-
werthen Erfolge, welche die neue Aera der Medicin verspricht und deren laute Ankündigung einen grossen Theil
der Aerzte in eine viel zu hoffnungsreiche Spannung versetzt, als dass sie nicht mit Unbehagen den nüchternen
Zweifler sollten zu Worte kommen lassen, können uns von
unserem Vorhaben nicht zurückhalten. Eine möglichst
frühzeitige Kritik scheint uns vielmehr dringend erforderlich. Denn man kann nur besorgt in die Zukunft unserer
medicinischen Wissenschaft und Kunst blicken, wenn man
der Möglichkeit gedenkt, dass die junge bakteriologische
Lehre zum zweiten Male voreilig die höchsten Menschheits-
wünsche zu erfüllen versprochen hätte. Wie schnell würde
das immer harte Urtheil der Oeffentlichkeit die Gesammtheit der Vertreter unseres Standes das büssen lassen, was
Einzelne verschuldeten! Möge die Wahrheit, wenn nicht
ganz auf Seite der kühnen Verkünder der Menschheits-
beglückung, so doch wenigstens in der Mitte liegen! Aber
selbst dann bleiben unsere Ausführungen bestehen, welche
die Voraussetzungen bestreiten, auf denen die neue
Heilmethode aufgebaut ist, und welche für die mit derselben erzielten Wirkungen eine andere Deutung, als die
beigebrachte, für erforderlich halten.

Inhalt.

I.

Immunität.

Von

C. L. Schleich.

In der von der Natur allem Lebendigen aufgezwungenen Nothwendigkeit, um das Leben zu ringen, liegt der Urkeim aller Entwicklung. Denn die Bedingungen, unter welchen einst Leben ward, sind seitdem zu keiner Zeit dieselben geblieben. Ihren Wandlungen sich anzupassen, ihre Widerstände zu überwinden oder auszuschalten, diese dem Leben innewohnende Fähigkeit lieferte Wehr und Waffe zum Kampfe alles Lebendigen gegen die sich wandelnden Bedingungen des Daseins. Die Schöpferkraft der Natur bethätigte sich nicht nur in einem Schöpfungsakte, sondern dieselbe ist unablässig auch heute noch, jede Stunde, jede Sekunde an „allen ihren hohen Werken", „herrlich wie am ersten Tag" in ununterbrochener Thätigkeit. In jedem Augenblicke ist sie um dasselbe ungeheure Rohmaterial und seine Produkte in nimmer rastender Entwicklung bemüht, ihren für uns Menschen erhabensten Gedanken, das Leben, zu erweitern und zu vertiefen. Sie verlegte in die zum Leben ringenden Keime des organischen Universums eine schier unbegrenzte Fähigkeit, sich zu wandeln und anzupassen; sie vermag Keimfähigkeit zu erhalten im Eise, wie in der Winterpuppe der Schmetterlinge, aus welcher im Frühling dennoch ein buntes Flügelpaar emporflattert, sie erfordert die heroischsten Mittel der Glühhitze, um selbst so winzige Lebenscentren, wie die Bakterien, am Keimen zu verhindern. In gewissen Grenzen lernt also die belebte Materie allmählich sowohl Kälte, wie Hitze, Ueberfluss und Mangel in jeder Art ertragen, ohne dass der Ablauf der zum Leben nöthigen Funktionen beeinträchtigt zu werden braucht. So sind denn auch schliesslich die äusseren Bedingungen von höchstem Einflusse gewesen für die Gestaltung der Lebensform des Menschen; sie geben zum Mindesten gleichsam die Richtung an, nach welcher sich der Strom auch seines Lebens, mit dem Mindestmaass von Widerständen, gleichsam am Behaglichsten ergiessen kann. Auch die aussermenschliche belebte Natur sucht sich dem Dasein anzubequemen, und es ist daher bei der gegenseitigen Durchkreuzung aller Interessen verständlich, dass um die Gunst der Lebensbedingungen ein Kampf der Lebewesen untereinander entbrennt, der von dem Einzelnen wie von der Gesammtheit durchaus in derselben Richtung geführt wird: sich und seinesgleichen den Bestand zu garantiren. Mag diesem Kampfe der Einzelne unterliegen, die Gesammtheit der Art kann ihn doch gewinnen, wenn die Nachlebenden aus dem Untergang der Opfer lernen und Vortheilhaftes sich aneignen.

Eine Form eines solchen Daseinskampfes ist auch die Krankheit. Das Leben besteht während der Leidenszeit, aber es läuft anders ab, gehemmter oder beschleunigter. Da die Bedingungen, unter welchen das Leben dahinfliesst, in der Krankheit geändert sind, ändern sich auch die Erscheinungsformen, die Funktionen desselben, eben vermöge der Fähigkeit der belebten Materie, auszuweichen, sich gleichsam zu ducken unter der Hand des mächtigen und bedrohlichen Feindes. Sich immer wiederholende Angriffe erhöhen den Widerstand gerade nach der bedrohten Seite. Das deuten wir als das Gesetz der Hypertrophie, der Kompensation und der Stellvertretung. Die Fähigkeiten nun, nach besonderer Richtung wiederholt in Anspruch genommen, bleiben schliesslich dauernder Besitz der fortkeimenden Lebensträger. Wenn auch erworbene Fähigkeiten niemals direkt erblich fortgeführt würden, so könnte doch die individuelle, immanente Fähigkeit, sich anzupassen, in immer gesteigertem Maasse übertragen werden. Sollten selbst generelle Formen nicht direkt vererbt werden, die Fähigkeiten, sie individuell im Daseinskampfe in gesteigertem Maasse zu erwerben, könnten dennoch beim Nachkommen vorhanden sein. So könnte das Kind eines Phthisikers, eines Syphilitischen gefeiter sein gegen erworbene Lues oder Phthise ebenso gut, wie ein anderes empfänglicher für diese Gifte war, weil die Eltern von diesen Leiden befallen wurden. Ja, es mag sich vielleicht sogar eine besondere Disposition mit vermehrter Widerstandskraft gegen die ausgebrochene Krankheit gemeinschaftlich vererben. Erblich kann ebenso gut eine besondere Fähigkeit, wie eine besondere Unfähigkeit sein, ohne dass morphologisch für die Uebertragung dieser Eigenschaften irgend welche Thatsachen erkennbar wären.

In dem Kampf nun, welchen in der Form besonderer, von uns in Systemen gruppirter Krankheiten die Menschheit mit den kleinsten Lebewesen zu kämpfen hat, spielen derartige Fähigkeiten auch vom Standpunkte der Vererbung aus deshalb eine so grosse Rolle, weil vermuthlich nur wegen der Möglichkeit der Anpassung die Menschheit als Ganzes den Bakterien niemals unterlegen ist und niemals unterliegt. Würde die Menschheit als solche nicht im Stande sein, die Gefährlichkeit bestimmter, bei erstem Aufkeimen unbedingt tödtlicher Arten allmählich zu paralysiren, sie zu annulliren, so müssten an jeder beliebigen Epidemie alle Menschen zu Grunde gegangen sein. Die Thatsache aber an sich, dass es Bakterien giebt, welche für den Menschen unschuldige Fremdkörper darstellen, und die zweite, dass es auch gegenüber den giftigsten unter ihnen Wesen mit absoluter Widerstandskraft giebt, diese beiden Thatsachen beweisen, dass die Möglichkeit der Ueberwindung auch der virulentesten Bakterienformen durch den Organismus des Menschen an sich vorhanden ist. Das erkrankende Individuum leidet für die Menschheit, es leistet Vorpostendienst, der Einzelne erkrankt und kämpft für die Art. Krankheit ist also eine Form des Daseinskampfes gegen jene Schädlichkeiten, für welche die Menschheit noch nicht angepasst ist. Man kann nicht so ohne Weiteres die Frage bejahen, dass die Menschheit Siegerin in diesem Kampfe bleiben wird; für den Evolutionisten könnte am Ende die Natur ebenso viel Werth darauf legen, der Welt der Bakterien zur Alleinherrschaft zu helfen, wie vielleicht einst der Menschheit. Damit soll nur gesagt sein, dass für die reine Wissenschaft ein präokkupirter, anthropocentrischer Standpunkt seine Bedenklichkeiten hat. Für denjenigen natürlich, welcher gewohnt ist, in dem Menschen den Herrn der Schöpfung anzubeten, ist es freilich eine ausgemachte Sache, dass dieser Sieg auf Seiten der Gottähnlichkeit sein wird. Ihm wird es ein Postulat, dass für jede Krankheit ein Kraut gewachsen sein müsse, dass man der Natur, und sei es mit Hebeln und mit Schrauben, ein Mittel abzwingen könne, die Menschheit zu schützen, zu festigen und zu retten. Dabei wird leider immer wieder übersehen, dass ja die Natur nichts von Tuberkulose, von Phthise, von Typhus, von Influenza, also von Specifitäten weiss, dass alle diese Krankheiten nur menschliche Hülfsbegriffe und Orientirungsversuche für unser Intellekt sind und dass unbedingt daran festgehalten werden muss, dass in den allgemeinen Formen des Daseinskampfes sogenannte specifische Heilmittel wenig Aussicht auf Erfolg deshalb haben, weil dem allgemeinen Kampfe am Ende auch nur mit Mitteln von breiter, allgemeiner Wirksamkeit begegnet werden könnte. Es wächst doch sicher nicht gegen die Malaria die Chinarinde und trägt nur gegen sie Kraftspannungen; sie wirkt daher auch sicherlich im Organismus nicht allein gegen das Plasmodium sanguinis, sondern in der grossen Gruppe der Einwirkung des heterogenen Chinins mit besonderer Energie für den Organismus berühren sich gleichsam an der Peripherie Theile der Wirkung von Chinindosen mit jenen des Plasmodiumparasiten. Ebenso trifft das Quecksilber an einer Stelle seiner gesetzmässigen Einwirkung auf den Gesammtorganismus einen Theil der luetischen Symptome und darum nennen wir es vielleicht vorschnell ein Specificum. Specifisch ist es, wenn eine bestimmte Molekülgruppe eines Elementes genau messbare Molekularmengen eines anderen und niemals mehr oder weniger zu binden vermag. Diese specifische Affinität nimmt vom Anorganischen zum Organischen ersichtlich ab, wie allein das Gesetz des Polymorphismus und der Isomerie der organischen Chemie beweist.

Im lebenden Organismus ist es erst recht unwahrscheinlich, dass nicht einheitlichen, chemisch hochkomplicirten Verbindungen solche mit molekularer Affinität begabte Specifica gegenüberstehen. Streng genommen hat daher der Begriff Toxin und Antitoxin sein Analogon nur in der anorganischen Chemie; er ist für die komplicirte Chemie des organischen Lebens eine unerlaubte, wissenschaftlich nicht erwiesene Vereinfachung des Thatbestandes. Er täuscht allzu leicht hinweg über die Vieldeutigkeit biologischer Processe. Möglich, dass die Natur selbst auf diesem Wege der Kompensation und Affinität, der Verbindung eines Giftstoffes mit einem Antitoxin zu einem unschädlichen, assimilirbaren Körper die Heilung vollzieht; bewiesen ist, wie wir noch des Weiteren ausführen werden, durch Nichts, dass dem Organismus nicht auch andere Möglichkeiten zu Gebote stehen. Die Anschauung, dass organischen Giften paralysirende Antitoxine entgegengebildet werden, ist eine durchaus hypothetische; ja sie entbehrt nicht jener Naivetät und Dogmatik, mit welcher auch nicht wissenschaftliche Heilmittelfanatiker aufzutreten pflegen.

Aber selbst zugegeben, dass die sich vollziehenden Spontanheilungen solchen chemischen Kompensationen und Ueberkompensationen ihren Eintritt verdanken, so ist es doch fraglich, ob diese hypothetischen, im Krankheitszustande des Menschen gebildeten Antikörper ausserhalb desselben, eventuell im fremden Thierkörper gebildet werden können. Denn, da für den Thierkörper völlig andere Vorbedingungen der Krankheit vorhanden sind, da weder eine vergleichbare, spontane Thierdiphtherie besteht, noch die Reaktion des Thierorganismus die gleiche, wie die des Menschen ist, so muss es fraglich sein, ob dem Thierantitoxin, gesetzt, seine Existenz wäre ausser aller Frage, für den Menschen Specificität im Sinne eines chemischen Antagonismus zukommt. Roux in Paris hat denn auch vorsichtiger die Specificität seines Heilserums in durchaus konsequenter Weise in Abrede gestellt. Deshalb könnte natürlich das Heilserum immer noch heilen, freilich nicht in specifischem Sinne. Angenommen aber, die Natur heilte und immunisirte in Form von Antitoxinbildung, so muss offenbar ein leiser Zweifel berechtigt sein, ob die Kunst Vorgänge, welche zwar in den Plänen der nicht Sprünge machenden Natur liegen, aber von ihr, was die Immunität der Menschen gegen Diphtherie anbelangt, voraussichtlich erst in Summen von Generationen erreicht wird, zu anticipiren vermag. Das Erlöschen der schwarzen Pest, das Ausbleiben des englischen Schweisses, der Lepra und das spurlose Abklingen anderer, vielleicht aller Epidemien, kann offenbar eine doppelte Ursache haben: es kann auf Untergang der specifischen Erreger, wie die Bakteriologen wollen, bezogen werden, es kann aber auch die Folge langsamer Anpassung der menschlichen Gesellschaft an die Virulenz der Erreger sein, wie die Evolutionisten sagen würden. Vielleicht auch, dass beide Möglichkeiten in Aktion treten. Auf der ersten Möglichkeit, der der Vernichtung und Fernhaltung der angeblich einheitlichen Ursache, baut vorwiegend die Hygiene ihre Maassnahmen, für die zweite, die schnellere Immunisirung, eventuell die Immunisirung noch während der Krankheit, tritt der Therapeut in Aktion. Herr Behring vor Allen versucht auf einem künstlichen Wege den natürlichen Mächten die Wohlthat für die Menschheit abzuzwingen, welche sie bisher für dieselbe noch nicht zu bieten vermochte, nämlich die Befreiung von der Diphtherie und anderen Infektionskrankheiten. Er stellt sich damit dar als ein bewusster Vollstrecker der menschenfreundlichen Absichten der Natur. Der vielleicht bisher unbewusst arbeitende Plan der Natur träte damit ein in den Kreis bewusster menschlicher Aktionen.

So sehr wir der Menschheit wünschen wollen, dass Herr Behring das halten kann, was er verspricht, so schwer es uns ankommt, durch unsere Einwände die frohe Hoffnungsfreudigkeit auch nur in etwas abzudämpfen, so dringend ist in uns das Bedürfniss wach geworden, dem Tagesgeschrei in Presse und Flugblatt, dem sensationsbedürftigen Enthusiasmus entgegenzutreten, allein, um unserer Wissenschaft den Vorwurf von Seiten der Oeffentlichkeit zu ersparen, sie hätte wiederum, wie bei dem Tuberkulin, weder Muth noch Kritik genug besessen, einer irrthümlichen Lehre mit guten Gründen zu begegnen. Wir wünschen lebhaft im Interesse der Menschheit, diese unsere Bedenken möchten durch die Thatsachen gar bald in ganzem Umfange widerlegt sein; sie zu verschweigen sehen wir keinen Grund, da sie der Ausdruck unserer ehrlichen Ueberzeugung sind.

Wer in der Immunität nicht in dem eingangs angedeuteten Sinne etwas sieht, was durch die Entwicklung vieler Generationen geworden ist, wer in ihr nicht einen labilen An-

passungszustand erblickt, dem ganz bestimmte entwicklungs-
geschichtliche Thatsachen ursächlich zu Grunde liegen, reisst die
Medicin künstlich aus ihrem organischen Zusammenhang mit
den anderen modernen Naturwissenschaften heraus. Freilich
vermag gerade die Medicin gewichtige Einwände gegen das
absolute Dogma von der natürlichen Zucht der Widerstands-
fähigen, gegen den Satz von der Identität der Ueberlebenden
und Tüchtigsten beizubringen. Denn wir sehen im Kampf um's
Dasein, soweit derselbe das erkrankende Menschengeschlecht
betrifft, durchaus nicht, dass nach dem Paradesatz der Darwi-
nisten die Besten überleben und die Unbrauchbaren nach dem
Princip der natürlichen Zuchtwahl untergehen. Werden doch
beinahe ebenso viel belastete, wie nicht belastete Kinder ge-
boren, und dennoch sollte es wohl schwer fallen, eine allgemeine Degeneration der Menschheit nach irgend einer Seite
nachzuweisen. Diese Thatsache bleibt ohne die Annahme einer
durch natürliche Entwicklung herangezüchteten, grösseren
Widerstandsfähigkeit gerade der belasteten Individuen, durch
die Annahme einer wachsenden Immunität unerklärbar. Die
Oberwärterin der Langenbeck'schen Diphtheriestation prognosti-
cirte meist ihren blühendsten, kräftigsten Pfleglingen einen
üblen Ausgang und gab den wachsbleichen, aufgeschwemmten,
mageren oder drüsigen Kleinen eine viel bessere Aussicht auf
Heilung, ein Erfahrungsurtheil, das selten fehlte und das gewiss jeder Arzt, der viel Diphtheriefälle behandelt hat, bestätigen kann. Die elenden, belasteten Kinder erweisen sich
oft widerstandsfähiger, als die anscheinend von Gesundheit
strotzenden. Wer hätte nicht den Eindruck, dass die Pneumonie
und der Typhus den robusten Organismus vom Lande schwerer
packt, als den neurasthenisch-zarten Städter! Den Eingeborenen
des inneren Afrikas vermag die hämorrhagische Malaria die
Heimath nicht zu entwerthen, während dieselben Individuen,
in unsere Lande gebracht, durch die Phthisis decimirt werden;
umgekehrt erliegen auch die robusten von unseren Lands-
leuten drüben nur allzu häufig dem Fieber. Akklimatisation
ist eben zum grossen Theil die Folge stetig arbeitender Immunisirung. Es giebt also eine menschliche Immunität, von deren
absoluten Festigkeit bisher freilich nicht gesprochen werden
kann, welche aber als eine durch Generationen erworbene

Eigenschaft ganzen Sippen, Geschlechtern, Gattungen und Arten zukommt.

Dieser generellen, auf die Gattung ausgedehnten Immunität steht nun eine andere, individuell erworbene gegenüber: die Immunität, welche Jemand erwirbt dadurch, dass er den Kampf mit gewissen Lebensfeinden einmal siegreich überstanden hat. Auch diese individuell erworbene Immunität ist nur relativ: man inficirt sich für gewöhnlich nicht zweimal mit Scharlach, Pocken, Typhus etc. Der Diphtherie gegenüber nun besteht keine von beiden Arten der Immunität, weder eine generelle noch eine individuelle. Die Natur vermag für den Menschen bisher weder Immunität dagegen nachweislich zu vererben, noch lässt sie dieselbe durch einmaliges Ueberstehen erwerben. Dasjenige, wofür nun das unbewusste Wirken des natürlichen Entwicklungszwanges des Lebens keinerlei Ausweg gefunden hat, das soll nunmehr künstlich erreicht werden. Man vergleiche nie und nimmer die Pockenimmunisirung mit dieser Immunisirungsart. Denn erstens kennen wir das Pockenvirus nicht, zweitens aber leistet die Natur bei den Pocken dasjenige ja als Paradigma, was sie gegenüber der Diphtherie nicht vermag: sie immunisirt individuell den einmal von der Pockenkrankheit Befallenen. Die ärztliche Kunst ahmt also hier das nach, was in der Natur ihr vorgemacht ist; mehr wird sie niemals leisten können, sie vermag den natürlichen Verlauf der Dinge nicht abzuändern. Die Dorfmädchen mit Kuhpocken an den Fingern, welche Jenner immun sah, machten vielfach kleine Pockenerkrankungen durch; alsdann waren sie gefeit, und die künstliche Impfung ahmt diesen Process nach, sie inficirt in kleinem Maassstabe, um gegen die natürliche, grössere Infektion zu schützen. Diese Kunstimpfung ist, wie wir weiter unten sehen werden, verständlich; jedenfalls ist hier etwas geleistet, dessen biologisches Paradigma vorhanden ist und zwar durch die Beobachtung demonstrirbar und wahrnehmbar. Jetzt aber wird etwas behauptet und beabsichtigt, nämlich die Immunisirung gegen die Diphtherie, ohne dass auch nur der Schatten einer vorbildlichen Thatsache dafür in dem natürlichen Ablauf aller Phänomene der Diphtherie zu finden ist.

Es giebt keinen Infektions-, Morbiditäts- und Immunisirungstypus der Diphtherie des Menschen, auf welchen gestützt Herr Behring aktiv vorgehen könnte.

Die Experimentaldiphtherie der Thiere giebt aber einfach deshalb kein Paradigma ab, weil die Experimentalthiere ja alle an einer Krankheit, welche sich der Diphtherie des Menschen vergleichen liesse, spontan niemals erkranken; weil die Thiere, in evolutionistischem Sinne immun gegen Diphtherie, auch der künstlichen Einverleibung der Löffler'schen Bacillen und ihrer Toxine von Natur viel gefeiter gegenüberstehen. Ihre Immunisirung und ihre Heilung lässt deshalb für den menschlichen Organismus keinerlei vorbildliche Rückschlüsse zu, weil die künstliche Immunisirung eines gespritzten Thieres ja durch die natürliche Widerstandskraft desselben gegen dieses specifische Gift augenscheinlich auf's Nachdrücklichste unterstützt wird. Einspritzungen und Einreibungen vollvirulenter Diphtheriekulturen gehören nicht zu den Infektionsmodalitäten des Menschen und wenn so behandelte Thiere durch Einspritzungen von Serum, also durch Stoffwechselalteration, immunisirt oder geheilt werden, so kann diese Heilung und Immunisirung als Folge der Entfachung naturgegebener Widerstandskräfte des Thierorganismus, welche dem Menschen fehlen, aufgefasst werden, sie braucht aber nicht einzig und allein durch die Kunsthülfe bedingt zu sein. Die Vernachlässigung dieser naturgegebenen Widerstandsfähigkeit des Thierkörpers gegen Diphtherie ist möglicherweise eine Quelle verhängnissvoller Fehlschlüsse bei der Analogisirung von Thier und Mensch. Nicht nur fehlt in dem natürlichen Ablauf der Diphtherie des Menschen ein solcher Vorgang der Gewöhnung des Individuums an das einmal aufgenommene Gift, sondern es hat sogar, wie mir erfahrene Praktiker bestätigen werden, früher oft den Anschein gehabt, als ob die wiederholte Infektion die betreffenden Individuen schwerer erfasste als die erstmalige Erkrankung. Eine natürliche Gewöhnung an das Gift, eine spontane Umstimmung des Blutes zur Giftfestigkeit giebt es also bei der Diphtherie des Menschen nicht, und es wäre nunmehr die Frage, ob es im Bereiche der Möglichkeit liegt, diese Säfteumstimmung künstlich zu bewerkstelligen!

Sollte wirklich eine Vorstellung Eingang in die Denkweise der Mediciner finden, welche die vorhandene Immunität eines

Thieres oder Menschen, die Giftfestigkeit eines Organismus abhängig sein lässt von der Anwesenheit eines im Blutsafte kreisenden Antitoxins? Wenn ein Thier unempfindlich gegen ein Gift ist, ist es es darum, weil der Antagonist des Giftes im Blute vorgebildet ist? Der Igel und der Alligator vertragen die höchsten Strychnindosen, weil ein Antistrychnin in ihrem Blute kreist? Wenn das Abrin, das Ricin dem Thiere angewöhnt werden, so entstehen in demselben Maasse Antabrin und Antiricin? Wenn König Mithridates an acht Gifte sich gewöhnte, so machte er in sich ebensoviele Antikörper mobil? Soll nach dieser Vorstellung für alle Gifte, die die Erde trägt und an welche sich der Mensch gewöhnen kann, das Blut ein Antidot entwickeln? Herr Behring lässt nirgends klar durchblicken, wieviel Antheil er den blut- und serumbereitenden Zellen an der Produktion seiner Antitoxine zuschreibt; seine Ausdrucksweise wird an solchen Stellen auffallend unsicher und dunkel oder er trägt hier eine auffällige Heftigkeit gegen den Begründer der Cellulardoktrin zur Schau. Mit unbegreiflicher Vernachlässigung der Vorstellungen über die doch unabweisbar cellulare Herkunft dieser Stoffe spricht er vom Serum fast wie von einem belebten Körper. Sollte er selbst die Schwäche seines theoretischen Gebäudes gerade an diesem Punkte dunkel fühlen? Freilich, er hat alle Ursachen, hierauf nicht allzu ausführlich einzugehen; denn gäbe er zu, dass die Zellen die Geburtsstätte der räthselhaften Säfte sind, er wäre mit einem Male auf cellularpathologischem Boden, den er doch mit kühnem Sprunge für immer verlassen zu haben sich sogar vor der Laienöffentlichkeit rühmt. Wo aber anders sollten die Antitoxine herstammen als von Zellen? und, da sie dies sicherlich thun, bemüht sich Herr Behring vergeblich, den Kampf zwischen Mikro- und Makroorganismus als einen im Serum sich abspielenden darzustellen; dieser Kampf bleibt doch ein Daseinskampf von Zelle gegen Zelle, auch wenn er den Mann, dem wir die Analyse fast der gesammten Pathologie und die Aufdeckung der cellularen Einheit des Lebens verdanken, öffentlich einen medicinischen Doktrinär nennt. Ist es nicht eine viel kühnere, fast mystische Doktrin, welche Herr Behring inaugurirt? Das Serum wird seinerseits belebt, mit Irritabilität, Anpassung, eigenem Stoffwechsel und Zellproduktion begabt, ohne dass auch nur der Versuch gemacht wird, diese Anschauungen mit den bisher unwiderlegbaren Wahrheiten der Zelllehre in Einklang zu bringen.

Wir sind überzeugt, dass derartige Erwägungen für den Fanatiker der Serumtherapie, für das Dogma von der Specificität der Krankheit keinerlei Gewicht haben; für diejenigen aber, welche ein ruhiges Urtheil in dem Wirrwarr der aufgeschürten Streitfragen gern sich bilden möchten, ist es vielleicht ein beachtenswerthes Moment, wenn wir gerade auf Grund cellular-pathologischer Vorstellungen einige Thatsachen unserer Kritik zu Grunde legen, welche als ein noch nicht erhobener Einwand gegen die bisherigen Vorstellungen über die Ursachen der Immunität gelten dürften.

Die moderne Immunitätslehre ist befangen in der Vorstellung, dass die vorhandene oder erworbene Widerstandskraft des Organismus eine allgemeine Eigenschaft ihrer Träger sei. Gerade so, wie man vor Virchow die Chlorose und die Pyämie für allgemeine Säfteerkrankungen hielt, so soll auch die Immunität eine allgemeine Eigenschaft der Säftemischung des Blutes sein. Niemals bisher hat man die gewiss berechtigte Frage aufgeworfen, ob nicht der Immunität gegen einige Krankheiten, genau wie der Pyämie und der Chlorose, eine gewisse lokale Beziehung zu Grunde liege; ob nicht die Immunität stets einen gewissen Zusammenhang mit der Lokalität, mit dem Sitz, Ausbruch oder Austritt der Krankheit und ihrer Produkte habe. Um dieser Erwägung Stütze zu verleihen, müssen wir auf den Begriff der Intoxikation zurückgreifen.

Es ist keine Frage, dass bei den Gewöhnungen an Gifte etwas der Immunisirung Aehnliches stattfindet. Bis jetzt nimmt man, soviel ich sehe, überall an, dass die Gewöhnung z. B. an Alkohol oder Morphium zurückgeführt wird auf eine immer grössere Toleranz des Organismus gegen die Kräftespannungen des specifischen Gifts. Diese grössere Toleranz äussert sich zunächst in einer immer geringeren Reaktion des gewissermaassen eingeübten Centralapparates. Allgemein ist man geneigt anzunehmen, dass die Ursache in einer gesteigerten Unempfindlichkeit des Centralnervensystems beruhe. Es ist aber ohne alle Frage noch eine andere Möglichkeit vorhanden: es könnten nämlich z. B. durch die mehrmalige Einfuhr von alkoholischen Getränken in Magen und Darm die nächstgetroffenen Chylusbahnen, die nächstliegenden Resorptionswege der mehr oder weniger lokalen Lymphbahnen eine grob mechanische, morphologische, an die Zellen gebundene Abänderung durch das Gift erfahren. Der chemische Reiz könnte an Ort und Stelle, sagen wir einmal über den ganzen Chylusapparat ausgedehnt, zu einer zelligen oder bindegewebigen Reaktion aller Lymphmaschen führen, deren Gesammteffekt zu einer grösseren Verdichtung und Verdickung des Lymphnetzes, zu einer Verengerung und Zusammenziehung der Lymphsiebapparate Veranlassung gäbe. Der zunächst einmal getroffene Lymphtractus würde das erste Mal der vollen Dosis des Giftes die Einschwemmung in den Ductus thoracicus und damit in die Blutcirkulation gewähren; aber gemäss der stattgehabten Reizung würde der reagirende Lymphapparat einem zweiten Anprall einen grösseren Widerstand entgegensetzen. Sei es auf rein morphologischem oder rein chemischem Wege — von den Zellen der erstmals getroffenen Lymphapparate könnten diejenigen Abänderungen geleistet werden, vermöge deren die zweite Giftdosis nicht mehr voll in die allgemeine Cirkulation gelangt. Die Lymphumgebung der getroffenen Lokalität könnte also für eine eventuelle, sekundäre, gleich gerichtete Giftwirkung einen lokalen Schutz gewähren. Verfasser hat vor Jahren gelegentlich anderer Studien verschiedenen Thieren, Kaninchen, Tauben, Hunden, Injektionen in steigender Dosis von Morphium, Cocaïn und Chloroform unter die Haut einer vorderen Extremität gemacht und konnte so bei einzelnen Thierindividuen deutliche Giftgewöhnung erzielen, so dass oft das Mehrfache der Anfangsdosis fast symptomenlos ertragen wurde, während die erstmalige Einverleibung der Anfangsdosis von Chloroform, Cocaïn und Morphium sehr deutliche Intoxikationen hervorrief. Trepanirt man aber die giftgewöhnten Thiere und spritzt ihnen unter die Dura mater die Anfangsdosis des Giftes, an welches das Thier gewöhnt war, so erhält man, trotz der von den Extremitäten her gewonnenen Giftfestigkeit genau dieselbe Intoxikationswirkung, wie bei der ersten Injektion von der Peripherie her. Ebenso ergiebt eine direkte Einverleibung ins Venenblut eine Anfangsreaktion der peripherischen Giftgewöhnung. Hierher

gehört folgende von Pasteur als unerklärbar angeführte Thatsache: Bei den gegen Lyssagift hochimmunisirten Hunden
fand derselbe gewissermaassen eine intakte Reizbarkeit des Gehirns bei Einverleibung des Giftes in ursprünglicher Dosis
direkt unter die Dura. Thiere, welche ganz hohe Dosen des
Giftes ohne Krampfanfälle ertrugen, erlagen sofort einer verhältnissmässig kleinen Dosis des Giftes, falls dasselbe direkt
unter die Dura eingespritzt wurde. Diese Thatsachen können
nur so erklärt werden, dass der Ort der erstmaligen Einverleibung durch dieselbe eine morphologische Abänderung erfährt,
eine Verdichtung und Verfilzung der ersten Resorptionswege,
vermöge welcher die zweite und spätere Dosen nicht voll in
die Cirkulation und in die Centralapparate gelangt. Der
Morphinist braucht also nicht deshalb Steigerung der Dosis
zur Entfachung seiner Lustgefühle, weil sein Cerebrum an
schwächere Reize schon gewöhnt ist, sondern, weil sein peripherischer Lymphapparat, die Resorptionswege der Körper-
oberfläche dem Gifte jedesmal einen grösseren Widerstand entgegensetzen. Es werden immer höhere Dosen erforderlich, um
die zusammengezogenen und verengten Lymphnetze dasjenige
Quantum passiren zu lassen, welches die gewollte Hirnwirkung
hervorruft. Der Überschuss nur gelangt in die Cirkulation;
der grössere Theil wird vom Lymphapparat der Peripherie
retinirt und hier gewissermaassen in den Vorstätten des Blutes
an Ort und Stelle chemisch-mechanisch paralysirt und unschädlich gemacht; erst die desoxydirten oder oxydirten, in unschäd-
liche Verbindungen übergeführten Gifte werden dem allgemeinen Kreislauf behufs weiterer Elimination überlassen. Hierher gehört ferner die Thatsache, dass bei Morphinisten oft eine
Opiumdosis vom Magen oder vom Rectum her sehr heftig toxisch
wirkt, welche in der Richtung des Hautorganes anstandslos
ertragen wäre. Auch in diesen Fällen gelangt auf den intakten
Chylusbahnen eine grössere Giftmenge ungehemmter in die
Cirkulation, als wie sie von dem auf Morphiumretention specifisch eingestellten peripherischen Lymphapparat hindurch-
gelassen wäre. Nicht also die Nervensubstanz, der Centralapparat mit seinem minimalen Stoffwechsel stellt sich ein auf
die toxische Wirkung, auch nicht der Organismus als Ganzes
wird giftfest, sondern es wird von ein und demselben Gift, auf

ein und denselben Bahnen bei Wiederholung der Giftgabe immer mehr retinirt, so dass immer grössere Dosen nöthig werden, damit der passirende Überschuss in genügender Koncentration zum Centralapparate gelangt; auf das Gehirn oder das Rückenmark sind stets auch kleinere Einzeldosen schon wirksam. Diese Thatsachen sind für die Gifte ohne Weiteres durch das Experiment zu .erweisen, sie sind für Lyssagift von Pasteur gefunden und sie decken sich mit den Erfahrungen bei Milzbrandinjektionen. Sollte nun nicht für die Immunität eine ähnliche Anschauung zulässig sein, wie die für die Giftfestigkeit gewonnene? Sollte den Toxinen gegenüber, die doch auch chemische Körper sein müssen, der Organismus sich so ganz anders verhalten als gegen Pflanzengifte? Sollte überhaupt, was die Resorption, die Einverleibung organischer Gifte anbelangt, nicht ein einheitlicher Mechanismus vorliegen, welchen jedes Gift erst zu überwinden hat, bis es im Blut cirkulirend seine specifisch toxischen Allgemein- und Organwirkungen entfaltet? So wird es wenigstens verständlich, warum bei der einen infektiösen Krankheit eine Immunität der Natur spontan erzielbar, bei der anderen von ihr nicht erreichbar sich darstellt!

Nehmen wir einmal an, das Scharlachgift hätte typisch die Schleimhaut des Rachens zu seiner Einfuhrstätte, so wäre es denkbar, dass bei der erstmaligen Infektion, bei dem erstmaligen Passiren des Giftes der gesammte Lymphfollikelapparat der Rachenwand, als Sitz der inficirenden Ursache (Bakterien), nicht im Stande wäre, die producirten Gifte (Toxine) zurückzuhalten; dieselben dringen durch den Follikelapparat in die allgemeine Cirkulation ein und damit erst beginnt die typische Erkrankung. Bei einer späteren Einfuhr der Scharlachgift producirenden Ursache haftet zwar ebenfalls das Virus an der gerade seiner Entwicklung günstigen Lokalität; es wird auch Giftstoff producirt, zu einer Allgemein-Erkrankung kommt es aber deshalb nicht, weil die producirten Toxine in den engmaschiger gewordenen Lymphapparaten des Ansiedlungsbezirkes retinirt und hier lokal zu unschädlicheren Produkten verarbeitet werden.

Dann sagen wir: es besteht eine erworbene Immunität gegen Scharlachgift; diese Immunität ist aber vielleicht gar

keine allgemeine Eigenschaft des Organismus, sondern sie ist
nur deshalb vorhanden, weil die Lymphapparate des Ansiede-
lungsbezirkes durch die erstmalige Eruption mechanisch alterirt
und zur Passage des Giftes ungeeignet gemacht worden sind.
Würde man den Kindern das Scharlachgift auf einer
anderen als auf dieser natürlichen Bahn einverleiben,
so ergäbe sich wahrscheinlich, dass der Gesammtorganismus genau so empfindlich reagirt, wie bei der
ersten Scharlachinfektion. Die Symptome einer zweit-
maligen Ansiedlung bleiben aus, weil ein lokaler Schutz im
Bereich der natürlichen Brutstätte der specifischen Bakterien
im Wirthorganismus hervorgebracht ist. Dass in der That
ein scharlachimmuner Mensch nicht für jede Invasionsstelle
des Scharlachgiftes immun, also durchaus nicht allgemein
immun oder giftfest geworden ist, wird einfach durch die unbestreitbare Thatsache erwiesen, dass der Wundscharlach der
Chirurgen durchaus nicht diejenigen Leute verschont, welche
Scharlachkrankheit im gewöhnlichen Sinne überstanden haben:
es ist eben Immunität nur auf dem natürlichen Infektionswege
vorhanden, durchaus aber nicht an Lokalitäten, welche nicht
im Bereiche des erstmalig getroffenen Lymphapparates liegen.

So finden wir ähnlich die Milchmädchen mit Kuhpocken
an den Händen geschützt gegen eine veritable Pockeninfektion,
falls diese Infektionsquelle ebenfalls im Bereich der einmal
von ähnlichem Gifte passirten Lymphbahnen der Extremitäten
liegt; es ist aber durchaus nicht gesagt, dass diejenigen Fälle,
bei welchen die Schleimhäute des Intestinalkanals die Infek-
tionsbahnen abgeben, nicht dennoch zur Pockeneruption führen,
eine Möglichkeit, mit der sich vielleicht das Nichtverschont-
bleiben eines geringen Procentsatzes der Schutzgeimpften auf's
Natürlichste erklären liesse. Schutz gegen Infektionen ist eben
nur da vorhanden, wo die gewöhnliche und natürliche Lokalität der Ansiedlung der Giftträger durch ein- oder mehrmalige
Inanspruchnahme natürlicher Zellreaktion eben durch diese
vermehrte Widerstandsetablirung geschützt werden kann; sie
bleibt aus, wenn die Flächenausdehnung, für welche die
Möglichkeit der Ansiedlung in Betracht kommt, so gross ist, dass
bei ein- oder mehrmaliger Infektion immer noch genug intakte
Bahnen übrig bleiben, innerhalb welcher der Krankheitserreger

sich zu entfalten und seine Gifte zur Aufnahme in den Kreislauf zu bringen vermag. Darum vielleicht kennen wir keine vollständige Immunität gegen Cholera, gegen Pneumonie und gegen Influenza, weil Magendarmkanal und Lungen der Ansiedlung einen so weiten Flächenraum darbieten und weil die hinter ihnen gelagerten, rückwärts führenden Lymphdrüsenapparate in lange nicht so geschlossenen cirkumskripten Sytemen gruppirt sind, wie die des peripherischen Hautorganes.

Es soll hier nicht unerwähnt bleiben, dass gerade die Experimentalpathologie einige Thatsachen anzuführen in der Lage ist, welche geeignet erscheinen, die Stichhaltigkeit dieser Anschauungen in Frage zu stellen. So konnte Ehrlich z. B. eine Giftfestigkeit von Abrin und Ricin bei Thieren erzielen, welche sich sowohl vom Magendarmkanal als vom Unterhautzellgewebe gewonnen als vorhanden erwies; solche Thiere vertrugen das Vielfache des Giftes, gleichgültig ob die Giftfestigkeit vom Magendarmkanal aus oder vom Unterhautzellgewebe erreicht war. Freilich, ob sie auch für die direkte Einverleibung unter die Dura des Gehirns oder Rückenmarks bestand, ist ununtersucht geblieben, weil diese Frage bisher nicht aufgeworfen ist. Ebenso fehlt für alle Immunisirungsversuche mit Tetanus der Nachweis, dass die Giftfestigkeit auch bei direkter Veneninjektion oder bei direkter Einverleibung unter die Dura vorhanden war, wenn auch eine Giftfestigkeit sowohl vom Peritoneum, Magendarmkanal und Unterhautzellgewebe laut der Verfütterungsresultate der Experimentatoren erreicht wurde. Was wir betonen, ist die Frage, ob wirklich der Gesammtorganismus in allen seinen Theilen giftfest wird oder ob nur gewisse Systeme der Resorption sich als giftfest erweisen; ob vor Allem der Centralapparat ebenfalls als giftfest bezeichnet werden kann, deshalb weil Injektionen oder Verfütterungen ohne Symptom bleiben. Es muss mit aller Nachdrücklichkeit gefordert werden, dass dieser Nachweis geliefert wird, ehe wir anzuerkennen gezwungen wären, dass Immunität und Giftfestigkeit in der That durch die Säfte übermittelte, allgemeine Eigenschaften des Organismus sind. Anderenfalls könnte offenbar nur von der Unempfänglichkeit gewisser Zellsysteme gesprochen werden oder vielmehr von einer erworbenen Fähig-

keit derselben, die einverleibten Gifte in gewissen Bahnen zurückzuhalten und so die allgemeine Intoxikation zu verhüten.

Wie will denn Herr Behring auf dem Wege der Antitoxinbildung begreiflich machen, dass die lyssaimmunen Thiere vom
Gehirn her an Lyssa erkranken? Ist nicht für ihn die Immunität ein Begriff, der für alle Organe gelten muss, da ja in
allen Organen Serum resp. Antitoxin kreist?

Wie ist der von Koch selbst gelieferte Experimentalbeweis
anders zu deuten, als mit unserer Annahme von der je nach
der Aufnahmelokalität wechselnden Widerstandsmöglichkeit des
Organismus, jener Beweis, dass die vom Unterhautzellgewebe
milzbrand-immunisirten Hammel durch Verfütterung den Milz-
brand acquirirten! Hier war eben der Lymphapparat der Haut
in schützende Reaktion versetzt, während der bisher unvorbe-
reitete Chylusapparat vom Magen und Darm her dem Gifte den
Eintritt in die Blutbahn gewährte. Diese positiven Thatsachen
der fehlenden Immunität für gewisse Organsysteme bedeuten
für uns einen schweren Einwand gegen den stets in allge-
meinem Sinne angenommenen Begriff der Immunität. Daran
kann denn auch die selbstverständlich zugegebene reciproke
Immunität zwischen zwei Lymphsystemen, dem der Chylusbahnen und der Hautwege, wie sie für Tetanusimmunisirung
und Abrin- resp. Ricin-Festigkeit thatsächlich vorhanden sind,
Nichts ändern. Denn erstens ist, wie betont, die Giftfestigkeit
direkt vom Blutgefässsystem und direkt vom Centralapparat
her nicht untersucht, und zweitens ist ja durchaus nicht aus-
gemacht, dass die Thiere, bei welchen diese Reciprocität zweier
Lymphsysteme vorhanden ist, nicht grobanatomische Einrich-
tungen resp. Kommunikationen ihrer beiderseitigen Lymphapparate besitzen, welche mit einem Schlage Licht in die scheinbar allgemeine Immunität dieser Thierspecies werfen würde?
Ist es so undenkbar, dass vor der Einmündung des Ductus
thoracicus in die Blutbahn beide Systeme, das des Chylus- und
das des peripheren Haut-Lymphorganes, sammelnde, gemein-
same Lymphdrüsenapparate besässen, welche den von uns als
möglich angenommenen lokalen Schutz für Giftströme aus
beiden Systemen gewährte?

Verfasser hat mehrfach bei der operativen Präparation
der Achsel- oder Leistendrüsen sich von der fächerartig aus-

gebreiteten, perlmutterglänzenden Bindegewebsverdichtung in jenen Fällen überzeugen können, bei welchen der Erkrankte früher phlegmonöse Processe an der zugehörigen Extremität durchzumachen gehabt hat; Jedermann wird zugeben, dass eine geschrumpfte, bindegewebige Lymphdrüse, welche akut einmal in entzündliche Hyperplasie in Folge peripherischer Reize versetzt war, die Möglichkeit sekundärer Schwellungen deshalb in geringerem Maassstabe gewährt, weil die Bindegewebsverdichtung des gesammten Lymphnetzes bis zu dieser Drüse und in ihr selbst dem mechanischen Transporte des Giftes viel mehr Hindernisse in den Weg setzt als das intakte, weiche, weitmaschige und markige Drüsenorgan. Warum ist die Infektion in narbigem Gewebe so selten? Warum kann man bei der makro- und mikroskopischen Untersuchung diphtherischer Tonsillen frühere Narbenzüge völlig intakt von der fibrinösen Infiltration finden, wie das Verfasser in mehr als ein Dutzend untersuchter Fälle konstatiren konnte, und warum bleibt eine alte Narbe mitten innerhalb einer phlegmonösen Infiltration geradezu wie eine gefeite Insel gesichert liegen? Warum werden alte perimetritische und perisalpingitische Processe so selten diffus, wenn nicht der rein bindegewebigen Reaktion und der Organisation der fibrinösen Beschläge eine dauernde, vor Infektion schützende Kraft innewohnte! Sollte die bindegewebige Induration um tuberkulöse Lungenherde so ganz ohne Schutzwirkung für allgemeine Infektion sein und tritt nicht nachweislich erst bei ulcerös-nekrotisirender Schmelzung der Kavernenwände durch Einbruch des infektiösen Materials in ein offenes Venenlumen urplötzlich die diffuse, miliare, tuberkulöse Infektion ein, genau wie im Veneninjektionsexperiment?

Beweist nicht auch das oft beobachtete Haltmachen eines Erysipels der Extremitäten vor einem Heftpflaster-Schnürring, dass es mechanische Momente sein können, welche Verallgemeinerung von Infektionen verhüten?

Das Alles sind Thatsachen, deren cellularpathologische Deutung vollauf genügt, in rein mechanischer Weise viele Vorgänge der Immunität zu erklären, wenn man darauf verzichtet, dem Begriff der Immunität einen allgemeinen, mystischen, undefinirbaren Charakter künstlich anzuhängen. Hier haben wir auch, wenn wir die Immunität als einen lokalen Begriff formuliren, die Möglichkeit zu verstehen, warum eine Eigenschaft, ein Gift zu überwinden, erblich sein kann: ebenso wohl, wie wir es begreiflich finden, dass gewisse andere morphologische Charakteristika, eine grosse Nase, ein Plattfuss, eine hohe Stirn, ein Grübchen sich vererbt, ebenso begreifbar ist es, dass die vererbte Dichtigkeit irgend eines besonders häufig gefährdeten Lymph- oder Bindegewebssystems auch zur ererbten Widerstandsfähigkeit gegen dieses oder jenes Gift führt. Betrachten wir die Vorgänge bei der Diphtherie im Lichte dieser cellularpathologischen Definition der Immunität als eines lokalen Verdichtungsvorganges bestimmter Lymphsysteme, so müssen wir zunächst morphologisch bedenken, dass die Tonsillen und der ganze ringförmige Lymphfollikelapparat des Isthmus faucium als eine Kette gleichsam nach aussen offener Lymphdrüsen aufzufassen ist, deren Beziehung zum Cirkulationsapparat eine relativ äusserst nahe ist, und dass in unserem Sinne die Tonsillen oder der cirkuläre Lymphring um den Racheneingang, die retronasalen Tonsillen und der Zungengrund für eine Bakterienart, welche hier alle Ansiedlungs- und Giftproduktionsbedingungen erfüllt findet, günstigere Entwicklungschancen und weniger Hemmungsmechanismen findet als irgend wo.

Die Strecke, welche bei der Athmung oder Nahrungseinfuhr das Virus zu passiren hat, ist kurz; Lymphgefässdrüsen sind bis zur naheliegenden Kommunikation mit dem Blutstrom kaum vorhanden; die vielen Buchten und Taschen gewähren auswachsenden Kolonien mannigfachen Schutz; eine bindegewebige Kapsel fehlt; das Gewebe ist blutreich und resorptionsfähig für gelöste Toxine in ausreichendster Weise. Das Verhältniss ist etwa so, als wenn eine Achselhöhlendrüse mit offenen Krypten ausgebreitet im Rachen läge. Was Wunder, dass hier der Sitz aller möglichen Infektionsprocesse ist, gegen die sämmtlich keine Spur von Immunität besteht; was Wunder ferner, wenn hier dieser verdichtende Bindegewebsschutz ausbleiben muss, weil eben das ganze Gebiet als schutzloser, geöffneter Lymphraum frei zu Tage liegt! Uns scheinen also die Thatsachen verständlich, dass es der Natur nicht gelingt, für die Zeiten der Kindheit wenigstens an dieser Stelle irgend einen

Infektionsschutz weder für den Croup, noch für die verschiedenen Anginaformen, noch schliesslich für die Diphtherie zu erreichen; dass hier für diese Lokalität, als Ansiedlungsherd, die mechanischen Vorbedingungen für den Schutz fehlen, so dass an dieser Stelle dasjenige Princip versagt, mittels dessen sonst eine Lokalität immunisirt wird, das Princip der Verdichtung rückwärts gelegener Lymphfilter. Diese Anschauung wird durchaus nicht erschüttert durch die Frage, was denn an dieser Stelle zur Vernichtung der Gifte von der Natur geleistet werden könne. Im Gegentheil, die unbestreitbare Thatsache der schnellen und ausgiebigen markigen Schwellung der Drüsen, in deren Wurzelgebiet Mikroorganismen Wohnstätten finden, ist für uns ein Beweis, dass in dem ad maximum gesteigerten Stoffwechsel der retinirenden Lymphdrüsen ebenso wohl eine nothwendige Folge der Reizung als eine schützende Sistirung der Giftstoffe gesehen werden kann. Warum soll nicht hier Phagocytose, Abkapselung, Oxydation und Desoxydation in ausgiebigstem Maasse in Aktion treten, um die bis hier vorgedrungenen Gifte nach allgemeinen Gesetzen der biochemischen Analyse zu mehr oder weniger harmlosen Stoffwechselprodukten zu zerlegen? Erst wo dieser Mechanismus, paralysirt durch die Kontaktwirkung des allzustarken Giftes oder überwunden durch den stetigen Nachschub der differenten Materie, versagt, tritt die verunreinigende Substanz in den allgemeinen Kreislauf und erst dann kann von Infektion des Organismus die Rede sein.

Wie sollte nun nach dieser Vorstellung es denkbar sein, dass ein künstlich eingeführter Stoff, das Antitoxin der Diphtherie, die Gefahr der Aufsaugung des in den Tonsillen producirten Giftes in das Blutsystem und damit den Ausbruch der Allgemeininfektion verringern könnte! Welchen Einfluss könnte diese Substanz auf die von Natur ungünstige lokale Beziehung zwischen Tonsillarring und Nähe der Blutbahn ausüben!

Das Antitoxin, welches in koncentrirter Form eine schnelle Immunisirung und damit Heilung herbeiführen soll, soll doch vornehmlich seine Wirkung gegen das im Blute kreisende Toxin entfalten. Also gar nicht gegen die Bildungsstätte des Toxins oder den Ansiedlungsherd der Bakterien? Ist das wirklich kausale Therapie, auf die Herr Behring ganz allein für sich Anspruch erhebt, oder ebenfalls nicht vielmehr symptomatische Behandlung? Wenn der Löffler'sche Bacillus wirklich die specifische Ursache der Diphtherie, wie Behring annimmt, ist, dann müsste eine echte kausale Therapie auch auf seine Vernichtung lossteuern und möglichst die Bildung der Toxine zu verhindern suchen, worauf ja der Entdecker der Bacillen selbst, Herr Löffler, durchaus nicht verzichtet, sondern bemerkenswerther Weise trotz Behring's Universaltherapie selbst den allergrössten Werth legt. — Wenn aber das im Blute kreisende Toxin durch seinen giftwidrigen Antagonisten paralysirt wird, wie gestaltet sich die Angelegenheit, wenn kontinuirlich neue Nachschübe von Toxin aus dem Ansiedlungsherd in's Blut erfolgen? Werden dann immer erneute Injektionen nothwendig, um dieses Symptom, das Eindringen des Toxins in die Blutbahn, zu bekämpfen?

Warum im Uebrigen injicirt Herr Behring die Antitoxinlösung nicht direkt in's Blut? Wenn wirklich der Saft für den menschlichen Organismus unschädlich sein soll, so liesse sich doch erwarten, dass ähnlich wie bei Bacelli's direkten Veneninjektionen von Chinin und Sublimat energischere Giftbindung stattfände, als es durch Koncentration des Antikörpers vielleicht zu erreichen ist. Oder sollte vielleicht alsdann sich auf's Schnellste herausstellen, dass die von Panum und Landois erwiesene Gefahr der Einverleibung von Serum fremder Arten in die Blutbahn einer anderen Species dennoch zu Recht besteht? Ist diese Möglichkeit der direkten Einspritzung in die Blutbahn und eine daran angeschlossene Fermentintoxikation bei subkutaner Einverleibung so ganz ausgeschlossen?

So würde denn für den Verfasser nach vorstehenden Auseinandersetzungen Nichts übrig bleiben, als den Gesammtbegriff der Immunität, als einen den ganzen Organismus in allen seinen Systemen gleichmässig betreffenden Begriff, als nicht vorhanden und rein konstruirten, mit bekannten Thatsachen der allgemeinen Pathologie unvereinbar zu leugnen. Diese Art Immunität, wie sie in specie Herr Behring will für die Diphtherie, hat aber vor allem keinerlei erkennbares Vorbild in dem natürlichen Ablauf desjenigen menschlichen Krankheitsbildes, welches wir mit dem Namen der Diphtherie bezeichnen. Eine lokale Immunität dagegen, welche wir jener gegenübergestellt haben, besteht in der That, wie zahlreiche Erfahrungen aus dem Gebiete der Pathologie erweisen; sie giebt wenigstens die Möglichkeit, die Mehrzahl der Schutz gewährenden Maassnahmen und Thatsachen unter einem einheitlichen Gesichtspunkte zu gruppiren und giebt zugleich eine Erklärung dafür, warum der Natur gerade der Diphtherie des Menschen gegenüber es so schwer gemacht ist, ihre an anderen Körperstellen verfügbaren Schutzmechanismen in Aktion treten zu lassen. Denn noch einmal sei es betont, eine natürliche Immunisirung des Menschen bei Diphtherie, wie bei Pocken, Masern, Scharlach giebt es nicht und die nach ihrer ideellen Existenz aufgebauten Theorien sind mystisch. Beweise aber für das Dasein und die künstliche Inscenirung für etwas, was nachweislich nicht vorhanden ist, dürfen wissenschaftlich keine grössere Glaubwürdigkeit beanspruchen als die Beweise der Spiritisten für Geister, die ebenfalls nicht nachweislich vorhanden sind.

———————

II.

Infektionslehre und Infektionskrankheit.

Von

Adolf Gottstein.

Die Serumtherapie, welche als das fast ausschliessliche Werk von Behring zu bezeichnen ist, stellt die Krönung des grossen Gebäudes dar, welches die Männer der bakteriologischen Aera aufgeführt haben. Doch gerade jetzt, wo der Jubel über den vollendeten Prachtbau gewaltig ist und die Stimmen der zweifelnden Ueberlegung übertönt, ist es an der Zeit, wieder darauf aufmerksam zu machen, dass die Fundamente, auf welchen das ganze grosse Gebäude aufgerichtet ist, dasselbe nicht mehr lange zu tragen vermögen und dass es deshalb in nicht ferner Zeit zusammenbrechen muss. Freilich die Baumaterialien, welche in riesenhaftem Umfange zusammengetragen worden sind, werden den Zusammensturz überdauern und zum Aufbau neuer beständigerer Sitze unseres Wissens wieder Verwendung finden; auch die Technik des Bauens, die wir jenen Baumeistern verdanken, wird nicht verloren gehen, und diese beiden Thatsachen allein werden genügen, ihren Schöpfern die verdiente Anerkennung zu sichern; aber die Form, die sie selbst ihrer Schöpfung gegeben, ist unrettbar dem Untergang überliefert, weil die Grundlagen, die im Anfange felsenfest zu sein schienen, sich im Fortgange der Forschung als unzuverlässig herausgestellt haben.

Zwar haben schon seit Jahren Männer wie O. Rosenbach, Liebreich und Andere, vor Allem aber Ferdinand Hueppe

auf die erwiesenen Unrichtigkeiten der Voraussetzungen hinge-
wiesen, welche der herrschenden Anschauung über das Wesen
der Infektionskrankheiten zu Grunde gelegt sind, aber die ein-
dringliche Sprache dieser Männer hat nicht ausgereicht, jene
Dogmen zu beseitigen. Die Ursache dieses Festhaltens an
Schlüssen, die auf falschen Voraussetzungen beruhen, ist nicht
allein in dem Vorgehen der Forscher der jetzt herrschenden Lehre zu suchen, sondern vielfach auch in der mehr
enthusiastisch als kritisch empfangenden Richtung des ärztlichen Publikums selbst, welches, die stete Warnung gerade
von Koch vor einer auf dem Gebiete der Infektionskrankheiten
besonders verhängnissvollen Verallgemeinerung der thatsächlichen Befunde nicht beachtend, an Schlagworten sein Kau-
salitätsbedürfniss sättigte.

Handelte es sich blos um Theorien ohne praktische Folgen, so könnte man ruhig den völligen Umschwung abwarten,
welchen die Zeit zwar vollständig, aber doch in der ununter-
brochenen Kontinuität minimaler Veränderungen äusserst lang-
sam herbeiführt. Wenn aber, wie hier, an die auf nicht mehr
haltbaren Voraussetzungen begründeten Theorien Maassnahmen,
wie die ganze Prophylaxe der Infektionskrankheiten und
jetzt die individuellen Heilmethoden angeschlossen werden,
so wird es die Pflicht eines Jeden, der Gründe für die Un-
richtigkeit jenes Vorgehens zu haben glaubt, dieselben mit-
zutheilen und zu offenem Bruch mit dem ganzen System auf-
zufordern.

Die Serumtherapie von Behring will eine specifische
Therapie gegen specifische Infektionskrankheiten sein; sie
hat damit zur ersten Voraussetzung, dass specifische Mikroorganismen auch die alleinige Ursache specifischer Krankheiten
sind. Nun hat zwar die Koch'sche Schule bewiesen, dass es
specifische Bakterien, d. h. einfach echte Arten im Sinne der
systematischen Botanik giebt, und sie hat den weiteren Schluss
gezogen, dass diese zugleich die Ursache der specifischen
Krankheiten sind, bei denen sie sich finden; aber dieser Schluss
ist ohne Weiteres heute nicht mehr zulässig, wie bewiesen
werden soll. Die Serumtherapie hat zur zweiten Voraussetzung die Lehre von der Immunität und zwar von der eng-
sten specifischen Immunität. Nun steht zwar die Thatsache

fest, dass eine künstliche Immunität beim Thier auf verschiedenen Wegen zu erreichen ist; aber der eigentliche Vorgang der Immunisirung ist uns trotz zahlreicher anfechtbarer Theorien noch durchaus unbekannt. Die Blutserumtherapie hat zur dritten Voraussetzung die Annahme, dass der Heilungsvorgang nichts weiter sei, als eine schnelle Immunisirung bei schon bestehender Krankheit; dieser im Zusammenhange mit den Heilversuchen von verschiedenen Autoren aufgestellte Satz ist willkürlich und es lassen sich eine Reihe von Gründen dafür beibringen, dass er auch unrichtig ist. Gerade für die Serumtherapie ist aber nach dem gegenwärtigen Stand der theoretischen Begründung, die ihr von Behring gegeben wird, dass es sich nämlich um eine Neutralisirung des Krankheitsgiftes durch Einbringung von Gegengift bei jenem Vorgange handelte, diese Voraussetzung von untergeordneter Bedeutung.

Es soll also im Folgenden der Beweis dafür angetreten werden, dass die wesentlichste Grundlage der Blutserumtherapie, nämlich die ursächliche Beziehung zwischen der bakteriellen Krankheit und dem botanisch specifischen, bei ihr konstant sich vorfindenden mikroparasitären Begleiter, im Sinne der Koch'schen Auffassung unrichtig ist. Der wahre Sachverhalt muss im Gegensatz zu vielfachen schiefen Auffassungen ausführlich und bestimmt dargelegt werden; denn die therapeutischen Versuche könnten immerhin noch sich als berechtigt erweisen, auch wenn ihre Grundlagen falsch sind; diese Möglichkeit gilt aber nicht für unsere gesammten Anschauungen über Entstehung, Verbreitung und Prophylaxe der bakteriellen Krankheiten, welche mit ihren ganzen praktischen Folgen an die Koch'schen Lehren angepasst sind und mit ihnen hinfällig werden.

Es ist das Verdienst von Koch und seinen Schülern, im Gegensatz zu der Theorie von Naegeli durch neu erfundene Methoden den Beweis erbracht zu haben, „dass es morphologisch verschiedene Spaltpilzformen giebt, welche sich nicht in einander umwandeln, und dass einer jeden bakteriellen Krankheit eine besondere Bakterienform entspricht, welche, so vielfach auch die Krankheit von einem Thier auf das andere übertragen wird, immer dieselbe bleibt. Auch wenn es gelingt, dieselbe Krankheit von Neuem wieder durch putride

Substanzen hervorzurufen, tritt nicht eine andere, sondern dieselbe, schon früher für diese Krankheit als specifisch gefundene
Bakterienform auf[1])." Diese Folgerungen wurden ursprünglich
nur für die Wundinfektionskrankheiten geltend gemacht,
konnten aber bald auch durch die Entdeckung des Tuberkelbacillus und die dieser schönen Arbeit rasch folgenden Ent-
deckungen neuer specifischer Bakterien auf alle Krankheiten
ausgedehnt werden, bei welchen die Mitwirkung von Bakterien
sich nachweisen liess. Von vorneherein wurde zugleich mit
der Beständigkeit der Form auch eine Konstanz der physiologischen Eigenschaften auf Grund der damaligen Forschung
behauptet, und schon Koch konnte für seine ersten Untersuchungen des Jahres 1878 die Konstanz der Virulenz darthun.
Ebenso beschäftigen sich die späteren Arbeiten von Koch und
seinen Schülern einschliesslich der Untersuchungen über die
Aetiologie der Tuberkulose eingehend mit dem Nachweise,
dass im Gegensatze zur Theorie der akkommodativen Züchtung
von Naegeli die morphologische Beständigkeit zugleich auch
die physiologische Beständigkeit unter allen Umständen
einschliesse.

Auf Grund dieser Voraussetzung liessen sich die Bedingungen, unter welchen ein artbeständiger Mikroorganismus als
die Ursache einer Krankheit gelten sollte, in einer scharfen
Formel aufstellen; es konnte der Begriff der pathogenen
Wirkung sehr einfach und ganz unabhängig von den Eigenschaften des befallenen Wirthsorganismus definirt werden; ja
noch mehr, die Art der Verbreitung einer Krankheit durch
Kontagion, die Wege ihrer Bekämpfung lagen dem Verständniss auf's Klarste aufgedeckt, denn sie waren nur von
einem einzigen Faktor abhängig, den in jeder Beziehung kon-
stanten Lebenseigenschaften der mikroparasitären Krankheitserreger. Demgemäss war ein pathogener Krankheitserreger
derjenige, „welcher im Stande war, in den thierischen Körper
einzuwandern und denselben krank zu machen". Um einen
vollgültigen Beweis für die Annahme zu gewinnen, dass bestimmte Bakterien die Ursache einer bestimmten Infektions-
krankheit sind, musste nachgewiesen sein, dass der Mikroor-

---

[1]) Koch, Aetiologie der Wundinfektionskrankheiten 1878, S. 71.

ganismus in allen Fällen der betreffenden Krankheit sich finden lässt, dass er nur bei dieser und keiner anderen Krankheit vorkommt und in solcher Menge und Vertheilungsweise innerhalb der Gewebe auftritt, dass sich alle Krankheitserscheinungen hieraus ableiten lassen; die erfolgreiche Uebertragung des rein gezüchteten Bakteriums, die Wiedererzeugung einer mit der ursprünglichen Krankheit gleichen Affektion, wo eine solche möglich war, stellte schliesslich die specifische Bedeutung einer Bakterienart scheinbar unanfechtbar sicher. Unter diesen Bedingungen, die Konstanz der pathogenen Eigenschaften stets vorausgesetzt, war auch die Ausbreitung einer Krankheit leicht verständlich; es genügt die Kontaktinfektion des Individuums mit dem betreffenden Krankheitserreger; disponirende Momente kommen nur in so weit in Betracht, als sie durch mechanische Läsion der Eingangspforten, also der Haut und Schleimhaut, den Keimen den Zutritt eröffnen. Jede bakterielle Krankheit war somit gewissermaassen eine Wundinfektionskrankheit. Unterschiede für die Entstehung der einzelnen Krankheiten gab es nur in dem Sinne, als solche durch die Lebenseigenschaften ihres Erregers bedingt sind; vermag derselbe auch ausserhalb des menschlichen und thierischen Körpers seine Existenzbedingungen zu finden, wie der Milzbrandbacillus, so kann die Krankheit auch ohne Kontagion sich verbreiten; ist das Gegentheil der Fall, wie beim Tuberkelbacillus, der vermöge seiner Ansprüche an erhöhte Temperatur ein echter Parasit ist, so kann die Verbreitung der Krankheit nur durch die Krankheitsprodukte des erkrankten Menschen oder Thieres stattfinden. Steht der Mikroorganismus in Bezug auf seine Lebensansprüche in der Mitte zwischen diesen beiden Extremen, wie dies für Diphtherie und Cholera gilt, so ist auch für diese Krankheiten das Schema der Verbreitung gegeben; und der Vorwurf der Trinkwasserfanatiker trifft nicht zu, denn der Möglichkeiten für die Kontaktinfektion giebt es auch andere, nur dass die Kontaktinfektion als solche allein für die Entstehung der Krankheit genügt. Weiterer wesentlicher Ursachen für die Entstehung der Krankheiten als des jedesmaligen Krankheitserregers bedarf es nach Koch's eignen Worten nicht. Und selbstverständlich konnte sich nun auch die Bekämpfung der Krankheit in denselben einfachen Geleisen bewegen. Die Krankheit verbreitet sich durch Kontakt mit den pathogenen Pilzen; eine wirksame Bekämpfung war also durch Vernichtung der von dem Erkrankten nach Aussen beförderten Bakterien am konsequentesten zu erreichen. Nun begann „die Verfolgung der Bakterien bis in ihre äussersten Schlupfwinkel", es begann die Aera der hygienischen Spucknäpfe und Taschentücher, das Zeitalter des Krankenhauszwanges, der Seuchengesetze und der öffentlichen Desinfektionsanstalten. Die Zahl der verschiedensten Desinfektionsapparate wuchs, zu deren Prüfung nach Pfuhl nicht jeder beliebige Bakteriologe oder Hygieniker, sondern nur der geübte Bakteriologe geeignet ist; aber so viele gediegene Arbeiten wir über die Konstruktion und Wirkung von Desinfektionsapparaten gelesen haben, eine Arbeit über den Einfluss der Desinfektion auf die Verminderung der endemischen Krankheiten ist merkwürdigerweise bisher noch nicht erschienen.

Im Ganzen lehnen sich alle unsere praktischen Maassregeln noch heute an diese Auffassung von der Entstehung der bakteriellen Krankheiten an.

Nur an den beiden letzten Punkten, dem von der Disposition als wesentlicher Krankheitsursache und von der Nothwendigkeit, die Seuchen allein durch Vernichtung ihrer Krankheitserreger zu bekämpfen, hat bisher eine grössere Opposition eingesetzt; die Abwehr derselben konnte sich, gestützt auf den Leitsatz von der Konstanz der pathogenen Eigenschaften, damit begnügen, solche Gegner ohne Angabe von Gründen damit abzuweisen, dass sie von Bakteriologie nichts verständen, dass sie Gegner der Bakteriologie seien, oder „dass es freilich immer Aerzte geben wird, denen die kontagionistische Auffassung viel zu einfach ist und die in einer gewissen Vorliebe für mystische Anschauungen befangen sind". (Flügge.)

Auf der Lehre von der Konstanz der Bakterien und der Specificität der Krankheitserreger beruhen auch die therapeutischen Bestrebungen der bakteriologischen Aera. Ursprünglich auf rein experimentellem Boden und durch keine dogmatischen Voraussetzungen belastete Versuche, wie die längst zu den Todten geworfenen Experimente zur Bakteriotherapie von Cantani oder die neuerdings auf breitem Boden wieder aufgenommenen Forschungen von Emmerich sind gewissermaassen Vorläufer der therapeutischen Bestrebungen. Erst die von Pasteur, Toussaint und Anderen neu eröffnete Lehre von der künstlichen Immunisirung, sowie der künstlichen Schutzimpfung liess den Boden freilegen, auf welchen die deutschen Methoden der specifischen Therapie aufgebaut wurden. Es ist fast als eine höhere Ironie anzusehen, dass gerade diese Forschungen, deren Anfänge der Lehre von den specifischen Krankheitserregern die erste Stütze entzogen, in ihrem Fortgang zu jenen höchsten Ausläufern der specifischen Anschauung führen konnten, wie sie sich in den Lehren von Behring über die Serumtherapie und den jüngsten Ansichten von R. Pfeiffer über die specifischen Eigenschaften des Cholerabacillus darstellen.

Die merkwürdige Entdeckung, dass nicht nur die Einverleibung abgeschwächter Mikroorganismen Immunität gegen spätere Impfung mit denselben Krankheitserregern, sondern dass auch die bakterienfreien Stoffwechselprodukte selbst das Gleiche bewirken, führte zur Anwendung der Stoffwechselprodukte für praktische Immunisirungszwecke. Die weitere Entdeckung, welche in ganz systematischer Weise von Behring ausgebildet wurde und unter dem Namen des Behring'schen Gesetzes in der Wissenschaft bezeichnet wird, dass das Serum des immunisirten Thieres durch Einverleibung in ein zweites gleichsam passives Thier auch auf dieses die schützenden Eigenschaften gegen die toxische Wirkung des gleichen Mikroorganismus überträgt, eröffnete neue Bahnen für die Immunisirung. Aber von der nachgewiesenen Immunisirungswirkung auch zum Verständniss der im Thierversuch nachgewiesenen Heilwirkung zu kommen, bedurfte es einer weiteren Voraussetzung: der stillschweigend angenommenen, aber niemals exakt bewiesenen Hypothese, dass die Heilung auf diesem Wege nur als eine beschleunigte Immunisirung aufzufassen ist, zu deren Erzielung weiter nichts erforderlich sei als höhere Dosen. Nehmen wir noch den experimentellen Nachweis der Thatsache, dass nach dieser Richtung hin natürliche und künstliche Immunisirung zwei Zustände ganz verschiedenen Wesens sind, so sind in Kürze die thatsächlichen Anhaltspunkte und Grundlagen der modernen Therapie dargestellt. Der eine

Zweig derselben ist die Heilung einer „specifischen" Bakterienkrankheit durch Einverleibung der „specifischen" Stoffwechselprodukte ihres „specifischen" Erregers, welchen wir in der Tuberkulin- und Malleïnbehandlung vertreten finden. Der zweite Zweig ist die Heilung von specifischen Krankheiten durch Einspritzung des Serums hochimmunisirter Thiere, eine Methode, wie sie praktisch für Tetanus von Tizzoni und Cattani geübt wird, von Behring aber unlängst aufgegeben worden ist, und welche für die Behandlung der Diphtherie eben jetzt das höchste Aufsehen erregt.

Wie verhält es sich nun heute mit allen diesen Voraussetzungen? Gilt heute noch das Gesetz von der Konstanz der pathogenen Eigenschaften eines specifischen Mikroparasiten? Und da es thatsächlich nicht mehr gilt, hat heute denn auch nur noch eine einzige der drei selbstständigen Theorien von der ursächlichen Bedeutung der Krankheitserreger, von der Entstehung und Verbreitung der Seuchen und von der besten Art ihrer Bekämpfung auch nur die geringste Berechtigung? Die maassgebenden Vertreter der kontagionistischen Lehre bestehen nach wie vor auf ihrem Scheine, dass an der logischen Begründung ihrer Lehre nichts zu ändern nöthig ist; die Verfasser der Arbeiten einer früheren Zeit waren dagegen im Denken folgerichtiger. Mit jener unerbittlichen Logik, welche die ersten grösseren Arbeiten der Koch'schen Schule neben ihrer glänzenden Technik so sehr auszeichneten, liessen sie keinen Zweifel darüber, dass eine Inkonstanz der pathogenen Eigenschaften ihren Folgerungen den Boden entzöge. So sagt Löffler: „Die Vertreter der Specificität der Bakterien konnten sich naturgemäss einer künstlichen Abschwächung der Bakterien gegenüber nicht gerade entgegenkommend verhalten"[1]. Und Gaffky, der die Frage folgendermaassen formulirt: „Sind die pathogenen Spaltpilze specifische Organismen, oder können sie durch akkommodative Züchtung hervorgehen aus etwa in unzähliger Menge verbreiteten, an sich unschädlichen Wesen?" und der bei seinen Versuchen damals zur Bestreitung eines Nachlasses der Ansteckungsfähigkeit gelangte und vielmehr die höchste Steigerung der Virulenz für identisch mit der Reinkultur, das

---

[1] Mittheil. a. d. Gesundheitsamt I, S. 135, 1881.

Gegentheil als ein Zeichen der Ueberwucherung durch andere lebensfähige Mikroorganismen betrachtete, „glaubt nicht zu viel zu sagen, wenn er behauptet, dass die ganze Frage der Desinfektion ihre praktische Bedeutung verliert, wenn man die Richtigkeit jener Anschauungen (d. h. von der Aenderung auch der schädlichen Eigenschaften) zugiebt. Ein Kontagium bekämpfen zu wollen, das sich in jedem Augenblick aus überall massenhaft verbreiteten Keimen neu bilden und ebenso schnell wieder in diese unschädlichen Organismen übergehen kann, das verspräche ohne Frage im günstigsten Falle nur einen Erfolg, der mit den aufgewendeten Mitteln in gar keinem Verhältniss stände"[1]. Aehnlich konsequent hat sich, soweit mir bekannt, von bedeutenderen Bakteriologen nur Escherich 12 Jahre später ausgedrückt, wenn er sagt[2]: „Glaubt man an die Möglichkeit der Umwandlung eines häufigen, wenn nicht regelmässigen Mundbakteriums in virulente Diphtheriebacillen, so wäre damit eine ganz neue und durch keine Isolirungsmaassregeln zu bekämpfende Entstehungsweise der Diphtherie gegeben. Fällt die Unterscheidung zwischen virulenten und nicht virulenten Bacillen, ... so erscheint der wichtigste und fruchtbarste Fortschritt, den wir der bakteriologischen Aera verdanken, die frühzeitige und sichere Stellung der Diagnose durch den Nachweis der Bacillen ernstlich in Frage gestellt."

Diese alleinige Betonung der Diagnose mag man dem Kliniker hingehen lassen; der Hygieniker wird der Ansicht sein, dass noch ganz andere Lehren, Theorien und praktische Maassregeln, bei einem solchen Standpunkt fallen müssen.

Es kann nicht oft genug wiederholt werden und mag nochmals hier zusammengefasst werden: die von Koch inaugurirte, von seinen Schülern und Anhängern fortgeführte Lehre von der Entstehung und dem specifischen Wesen der bakteriellen Erkrankungen, von ihrer Verbreitung und ihrer Bekämpfung beruht einzig und allein auf der Voraussetzung von der Konstanz der pathogenen Eigenschaften, sie fällt aber völlig, wenn dieses Gesetz nicht mehr gilt.

---

[1] ibid. S. 82.
[2] Berl. klin. Wochenschr. 1893.

Das ist so klar, dass es Jeder einsehen muss, nicht nur diejenigen, die, wenn sie von bakteriologischen Fragen sprechen, „sich das höchst verantwortliche Amt vindiciren, über Dinge zu reden, von denen sie nichts verstehen", sondern sogar der consequente Bakteriologe. Denn wenn der Begriff der pathogenen Wirkung gar keine Konstante ist, sondern wenn die Forschung festgestellt hat, dass er das Produkt zweier schwankender Grössen, des inkonstant pathogenen Bakteriums und des inkonstant disponirten Wirthsorganismus ist, so muss er eben aus der Formel über die Entstehung der Krankheit gestrichen und durch seine zwei Faktoren ersetzt werden; die Formel wird dann zwar sehr komplicirt, aber richtig. Ein pathogener Krankheitserreger ist also nicht derjenige botanisch specifische Pilz, welcher ohne Weiteres in den Körper einzuwandern und denselben krank zu machen vermag, sondern er vermag diese Vorgänge nur dann auszulösen, wenn noch zwei weitere Bedingungen erfüllt sind, wenn er selbst die in Bezug auf den befallenen Organismus erforderliche, an sich ganz relative Virulenz besitzt, und wenn dieser Organismus auch eine in einem Verhältniss zur Virulenz stehende Disposition besessen hat, die wieder absolut vorhanden oder von besonderen Bedingungen abhängig sein kann. Damit hört der Begriff der pathogenen Wirkung auf, Definition zu sein, er wird Umschreibung der Thatsachen. Wir brauchen daher gar nicht das oft gebrauchte Wort von C. Fraenkel zu citiren, dass die pathogene Wirkung das wandelbarste Stück im Charakter vieler Bakterienarten ist; wir lassen vielmehr diesen Begriff besser ganz fallen. Er hatte ja doch nur so lange einen Sinn, als er als unveränderliche Grösse einen Gegensatz zu den saprophytischen Bakterienarten bezeichnete. Seit wir aber wissen, dass gerade die häufigsten Begleiter bakterieller Krankheiten des Menschen, Staphylokokken, Streptokokken, Pneumokokken und Bakterium coli, auch als unschuldige Saprophyten auf der menschlichen Haut und Schleimhaut wuchern, ist der Begriff der pathogenen Eigenschaften eines Mikroorganismus völlig entbehrlich geworden.

Wir sprechen daher jetzt von der Virulenz eines Mikroorganismus. Das ist auch historisch berechtigt, denn der Satz

von der Konstanz der pathogenen Eigenschaft erhielt seinen
ersten Stoss durch die Entdeckung der Möglichkeit, die Virulenz eines Bakteriums abzuschwächen. Aber dieser Begriff
ist wieder vieldeutig. Es wäre wünschenswerth, ihn nach
seiner sprachlichen Abstammung nur auf die Giftwirkung der
Bakterien anzuwenden; dann wäre es möglich, nach dem Vorgang von Ehrlich und Behring zu zahlenmässigen Bestim-
mungen zu kommen, welche nur die einzige Einschränkung
bedürfen, dass die Giftwirkung für verschiedene Thiergattungen
verschieden ist. Aber leider wird der Begriff „Virulenz“ ganz
allgemein im Sinne einer Schädigung des Wirthsorganismus
durch die gesammte Lebensthätigkeit seines Bewohners an-
gewendet, und durch diese nicht präcise Fassung eines ab-
strakten Begriffes sind eine Reihe ganz falscher Vorstellungen
über die Rolle der Bakterien im Krankheitsvorgang entstanden.
Wir können, trotz einer kleinen Zahl von verschiedenwerthigen
Anhaltspunkten, einen virulenten Mikroorganismus von einem
abgeschwächten durch keine Reaktion am todten Nährboden
mit Sicherheit unterscheiden; wir müssen also die Bestimmung
am Thierkörper vornehmen und aichen damit unser je nach
seinem Ursprung furchtbar schwankendes Maass an dem zu
messenden Gegenstande, dem Thierkörper. Wir begründen den
krankhaften Vorgang im Thierkörper durch die Virulenz des
Bacillus und messen die Virulenz durch die Vorgänge im
Thierkörper, trotzdem wir wissen, dass verschiedene Gattungen
und sogar verschiedene Individuen sich abweichend verhalten
können. Dadurch stossen wir auf ein experimentell nicht zu
überwindendes Hinderniss. Wir müssen zwar die Thatsache
als erwiesen hinnehmen, dass ein und derselbe Mikroorganismus bei ein und derselben Krankheit weitgehende Schwankungen in Bezug auf seine Virulenz schon von Aussen her
mitbringen kann; das folgt unbestreitbar aus den Versuchen
mit der bestimmten Bacillenart an der bestimmten disponirten
Thiergattung. Wenn wir aber umgekehrt von der Krankheit
ausgehend die Virulenz des bei ihr gefundenen Pilzes bestim-
men wollen, so sind wir zu Schlüssen nur berechtigt, falls
Experimente an der gleichnamigen Thierart möglich sind. So-
bald jedoch der Versuch einen Wechsel der Thierart erfordert,
haben unsere Folgerungen keine Berechtigung mehr.

Unter diesen Umständen darf es nicht wunderbar sein, wenn wir die gleichen Vorgänge oft ganz entgegengesetzt ausgelegt finden. Wenn wir z. B. einen Frosch mit Jequirity vergiften und ihn dann mit Prodigiosus impfen, so finden wir seine Blutgefässe strotzend angefüllt mit dem sich nun vermehrenden Bacillus. Ist jetzt dieser Keim für den Frosch virulent geworden? Die Wissenschaft verneint dies, indem sie von einer Pseudoinfektion spricht, die durch die Krankheitsursache, die Vergiftung, bedingt ist. Wenn wir aber einen Säuger, einen Menschen, untersuchen, der durch resorbirte Fäulnissgifte der putriden Intoxikation unterlegen ist, und wir nun seine Kapillaren strotzend mit Streptokokken angefüllt finden, liegt hier wiederum eine Pseudoinfektion vor, eine praeagonale Erscheinung oder im mildesten Falle ein Zusammenwirken mehrerer Schädigungen? Hier erklärt die Wissenschaft, dass die Vermehrung der Streptokokken die Ursache der Krankheit und des durch echte Infektion erfolgten Todes ist, denn — die Streptokokken sind für manche Thierart an sich virulent. Noch klarer wird der Widerspruch, wenn wir rein örtliche Erkrankungen statt der Septikämien betrachten. Wenn wir weisse Mäuse durch Phloridzin vergiften, so können sie nunmehr an dem Rotze zu Grunde gehen. Man nimmt hier an, dass die Vergiftung, welche übrigens ebenfalls tödtet, die „Disposition" für die Erkrankung schafft, dass aber für den Bacillus weisse Mäuse sonst immun sind. Wenn aber Menschen, die an akuter Pneumonie erkranken, den Bacillus von Weichselbaum-Fraenkel in den Lungen, ja sogar in der Pleura und in den Meningen aufweisen, so nimmt man dessen ursächliche Bedeutung ohne Weiteres als erwiesen an, trotzdem er in der Mundhöhle fast eines jeden Menschen als harmloser Saprophyt sich findet. Ja, ist denn von dem Pneumoniecoccus jemals erwiesen, dass er für den Menschen an sich virulent ist? Für den Menschen nicht, wohl aber für das Kaninchen ist dieser Beweis beigebracht. Dann könnte auch der Toxikologe die Giftigkeit der Belladonna für den Menschen gleichfalls am Kaninchen messen, welches von jenem Menschengifte bekanntlich nicht geschädigt wird.

Die Virulenz irgend eines Bakteriums gegenüber der einen Thiergattung gestattet also keine Schlüsse auf seine krankheitserzeugende Bedeutung bei einer anderen. Ob ein aus der Membran eines diphtheriekranken Kindes gezüchteter Löffler'scher Bacillus, einem Meerschweinchen eingespritzt, für dieses virulent oder avirulent ist, lässt noch keine Folgerungen über die Krankheitsursache des Menschen und die Rolle des Bacillus bei demselben zu.

Die Virulenz eines Bacillus ist aber gar nicht allein von den Lebensbedingungen abhängig, in denen er aufwuchs, sondern vor Allem von der Eigenschaft des Organismus, auf den er verpflanzt wird. Es ist dies ja in der Sache dasselbe und nur eine anthropocentrische Trennung, wenn wir Unterschiede zwischen Züchtung und Impfung machen. Für den Bacillus selbst geben beide Vorgänge nur den Anlass, sich Ernährungsbedingungen anzupassen, die für die Entfaltung seiner Eigenschaften günstig oder ungünstig ausfallen können. Je nachdem ist er da oder dort virulent oder avirulent.

Nach der Richtung von der Bedeutung der Disposition des Wirthsorganismus hat uns nun die Forschung der letzten Jahre ein enorm reichhaltiges Material gegeben. Die verschiedensten Eingriffe in die Funktionen des Organismus, örtliche Störungen der Cirkulation, chemische und physikalische Eingriffe ermöglichen zahlreichen Bakterien dort Existenzbedingungen zu finden und sich örtlich anzusiedeln, wo ihnen dies sonst nicht möglich war; die verschiedensten Vorgänge, welche, ganz allgemein gesagt, die Resistenz der Zellen gegen äussere Einflüsse herabsetzen, ermöglichen die Allgemeininfektion da, wo eine solche ohne diese Bedingungen nicht möglich gewesen wäre. Ebenso ist das Gegentheil beobachtet, die Injektion von Stoffen, welche Leukocytose herbeiführen, setzt das Meerschweinchen in den Stand, die sonst für dasselbe tödtliche intraperitoneale Injektion von Cholerabacillen zu überwinden; und die Injektion von Tuberkulin und pharmakodynamisch gleichartig wirkenden Stoffen ruft eine Veränderung der Cirkulation im erkrankten Gewebsgebiet hervor, welche unter Umständen auch die Ausstossung der Bacillen befördert.

Je mehr sich unsere Kenntnisse über die Entstehung der bakteriellen Erkrankungen vertieft haben, desto mehr tritt die Bedeutung der disponirenden Momente des befallenen Organismus in den Vordergrund, desto mehr verliert die Höhe der schon von aussen mitgebrachten Virulenz oder die generelle Beziehung zwischen Parasit und Wirth an Bedeutung. Die drei von Koch aufgestellten Sätze aber haben als Ganzes schon lange jede ernstliche Bedeutung verloren; wir fragen gar nicht mehr, ob der bei der Krankheit vorgefundene Erreger sich nur bei dieser und bei keiner anderen Krankheit findet. Die meisten und häufigsten der von uns bei Krankheiten des Menschen aufgefundenen Erreger sind Streptokokken, Staphylokokken, Pneumoniekokken, Bakterium coli; sie finden sich bald als indifferente Saprophyten auf unserer Haut und auf unseren Schleimhäuten, wie in unserer Umgebung; bald sind sie betheiligt bei der Entstehung von Krankheiten der vielseitigsten Art, von der harmlosesten örtlichen Erkrankung bis zu der schwersten Allgemeinaffektion; wenn man sie jetzt noch fälschlich als die Erreger dieser Zustände hinstellt, so geschieht dies trotz der ersten beiden Koch'schen Postulate; aber die Fülle der Beobachtungen ist beträchtlich, in denen der Nachweis sich erbringen lässt, dass ihr Auftreten erst das Sekundäre im Krankheitsvorgang ist. Die dritte Forderung lautet, dass ein specifischer Mikroorganismus in solcher Menge und Vertheilungsweise innerhalb der Gewebe auftreten soll, dass sich alle Krankheitserscheinungen hieraus ohne Schwierigkeiten ableiten lassen. Auch diese Forderung ist gegenwärtig für die meisten Fälle, in denen dem Krankheitserreger wirklich eine Bedeutung zukommt, nicht mehr aufrecht zu erhalten; denn derselbe gleiche Krankheitsvorgang kann durch die verschiedensten Mikroorganismen (z. B. Cholerasymptome durch Cholerabacillus und Bacterium coli, Eiterung durch die verschiedensten Formen), wiederum die verschiedensten Krankheitsvorgänge durch die gleiche specifische Art ausgelöst werden. „Weder der Parasit noch die kranke Zelle ist das Ens morbi"[1]),

---

[1] Die Hilfswirkung specifischer, nichtbakterieller Momente für die Erscheinungsformen klinisch wohlcharakterisirter Infektionen wird durch chirurgische Erfahrung sicher gestellt. Kücheninfektionen, Fisch- und Wildinfektionen, Infektionen bei Arbeitern in verschiedenen Gewerben (Maschinenarbeiter), bei Aerzten und in ärztlichen Räumen (Leichengift) haben einen scharf trennbaren, pathologisch-anatomischen Typus, trotzdem meist die gleichen Gruppen von Bakterien gefunden werden. Das ranzige Maschinenöl der Fabrikarbeiter (Loewe'sche Gewehrfabrik) erzeugt sehr typische Fettnekrosen

wie sich Hueppe ausdrückt; der Krankheitsvorgang wird erst durch beider Faktoren Zusammenwirken ausgelöst. Diese dritte These hat nun wieder zu ganz schematischen Vorstellungen über die Lokalisation der Erkrankungen je nach der Eingangspforte der Krankheitserreger Anlass gegeben, von denen man erst jetzt anfängt sich frei zu machen. Entsprechend der alleinigen Berücksichtigung der Eigenschaften der Parasiten schloss man ohne Weiteres, dass die Lokalisation der Tuberkulose in den Lungen der Beweis für die Infektion durch Inhalation, die Lokalisation der Diphtherie im Halse durch das Eindringen der Keime von der Mundhöhle aus, die Lokalisation der Cholera im Darm durch das Eindringen der Keime vom Magen aus in einfachster Weise zu erklären sei. Zwar ist zuweilen diese Annahme richtig, wie die Erkrankung der zunächst liegenden Lymphdrüsen bei der Impfung mit Tuberkelbacillen beweist, aber Nichts ist falscher als die Verallgemeinerung dieses Satzes; wenn auch die Kommabacillen nur im Darmkanal sich vermehren, so folgt noch nicht, dass die Darmerscheinungen auf dieser Lokalisation beruhen. Die örtliche Anordnung der Mikroorganismen ist durchaus nicht nur abhängig von ihren Eingangspforten und ihren Eigenschaften, sondern vielmehr von den gesetzmässigen physiologischen Vorgängen im Organismus; die Lunge z. B. ist der Prädilektionssitz des Tuberkelbacillus, auch wenn er auf

---

mit cirkumskripter, selten phlegmonös eitriger Schmelzung, die Panaritien der Köchinnen (Fleischinfektionen) sind wohlcharakterisirt als abscedirende progrediente Formen der Bindegewebsinfiltration, die Infektionen der Köche und Kellner feiner Restaurants (Austern, Seefische, Krebse) haben einen von mir als Lymphangitis diffusa bezeichneten, nicht eitrigen, stasenbildenden Charakter, und in einer jüngst veröffentlichten Dissertation findet sich das wohlausgeprägte Bild der Wildinfektion beschrieben. Bedenkt man, dass individuelle Abweichungen der Wirthsorganismen, dass z. B. kurze und straffe oder weiche und wellige Bindegewebsbildung, dass anämischer und pastöser oder turgescenter Habitus, dass torpider oder erethischer Typus der Nervenirritabilität höchst wahrscheinlich neben den bakteriellen Krankheitsursachen für die Gruppirung der Krankheitserscheinungen nicht ohne Einfluss sind, so ergiebt sich die Vielgestaltigkeit der Krankheitsformen trotz einiger konstanter ursächlicher Momente fast von selbst. Schleich.

anderem Wege in den Organismus eindringt, und diese Lokalisation ist durchaus kein Beweis für die Entstehung durch Inhalation.

Und wenn Mikroorganismen in grösseren Mengen, gleichgültig ob pathogen oder nicht, in die Blutbahn gerathen, so lösen sie dieselben Vorgänge aus wie andere Nukleïnsubstanzen auch, die in die Blutbahn eingespritzt werden, Vorgänge, die man früher nach den Lehren von A. Schmidt als Fibrinfermentintoxikation bezeichnete. Die Hauptfolge dieser Gerinnungsvorgänge sind Kapillarverstopfungen in den Lungen und der Schleimhaut des Darms; in diesen von der Cirkulation ausgeschalteten Gebieten ist für Mikroorganismen eine günstige Ansiedelungsstätte. Gerade dieser Vorgang ist aber ungemein häufig und wird bei den geringsten Störungen ausgelöst; kein Wunder, wenn Fischl bei seinen schönen Untersuchungen den Darmkatarrh der Säuglinge als Theilerscheinung der allgemeinen Sepsis auffassen und auf die häufige Ansammlung der Keime in den Lungen aufmerksam machen konnte, wenn Klemperer bei seinen intravenösen Injektionen von Bakterien bei Hunden dieselben choleraartigen Erkrankungen des Darms fand, wie sie Köhler bei Injektion seiner septischen Fibrinfermente 1877 beschrieb.

Dass also der Diphtheriebacillus bei spontaner Entstehung der Krankheit vorzugsweise auf den Tonsillen und der Nasenschleimhaut sich lokalisirt, ist ohne Weiteres noch kein Beweis dafür, dass die Krankheit durch primäre Infektion von der Mundhöhle aus entstanden ist.

Es bleibt noch der letzte Beweis für den ursächlichen Zusammenhang zwischen specifischen Parasiten und specifischer Krankheit, der Beweis der künstlichen Erzeugung der Krankheitserscheinungen durch den rein gezüchteten Mikroorganismus. Diese Forderung ist in vielen Fällen gar nicht zu erfüllen, weil es an einer geeigneten Thierart mangelt; oft ist aber mit grosser Willkür die Thatsache, dass der in Frage stehende Parasit bei irgend einer Thierart mehr oder weniger ähnliche oder auch ganz verschiedene Krankheitsvorgänge hervorrief, als genügender Beweis angesehen worden. Für Cholera kann man doch, wie Liebreich bewies, nicht von einer Herstellung des Krankheitsbildes sprechen, blos weil einige Symptome im

Thierkörper sich wiederholten; für Tuberkulose und Rotz gilt dies allerdings mit geringen Einschränkungen; und nur für die echten Septikämien, für welche die Verhältnisse ganz eigenartig liegen, deren Eintreten einfach als der Ausdruck absoluter Widerstandslosigkeit des Organismus gegen den Krankheitserreger aufzufassen ist, lässt sich aus diesem Grunde bei gleich disponirten Thierarten das Krankheitsbild reconstruiren. Die Verallgemeinerung der Erfahrungen bei diesen Septikämien auf ganz andersartige Vorgänge hat aber gerade viel Schuld an der herrschenden falschen Auffassung.

Wir sind also auf dem Standpunkt angelangt, dass wir zur Erklärung des ursächlichen Zusammenhangs zwischen den krankheitsauslösenden Mikroorganismen und dem der Krankheit unterworfenen Thierkörper auf die Koch'schen drei Forderungen nur noch einen untergeordneten Werth legen.

Unter keinen Umständen ist es aber zulässig, blos auf Grund der Erfüllung der ersten Forderung von Koch, auf Grund des regelmässigen Vorkommens eines specifischen Mikroorganismus, diesen für die Ursache der Krankheit zu erklären. Ein solcher Zusammenhang ist möglich, aber ohne die besondere Aufklärung über die Beziehungen zwischen Organismus und Parasiten nicht schon erwiesen. Wie das Bacterium coli im Darmkanal seine Gährungen erzeugt und das Filter der Schleimhaut sehr wohl respektirt, aber bei jeder Cirkulationsstörung beträchtlichen Grades nahezu ausschliesslich sich in dem betroffenen Organ des Abdomens ansiedelt, so kann das Gleiche bei irgend einem anderen Mikroorganismus unter anderen Verhältnissen vorliegen. Wer die Möglichkeit eines solchen Zusammenhanges zwischen Bakterienansammlung und Krankheit im besonderen Falle nicht auszuschliessen vermag, der begeht nur einen pietätvollen Selbstbetrug, wenn er z. B. durch das ausschliessliche und konstante Vorkommen des Diphtheriebacillus in den Membranen der typischen Erkrankung den Beweis für den ursächlichen Zusammenhang schon erbracht sieht; und sämmtliche Thierversuche ändern nichts an der Thatsache, dass ein unzureichend begründeter Schluss vorliegt.

Beim disponirten Thierkörper ist nun für die Mehrzahl der Fälle anscheinend unumstösslich der Beweis gebracht, dass bei genügender Virulenz des Parasiten die Voraussetzungen begünstigender Momente seitens des Organismus überflüssig sind. Das gilt für die zahlreichen Erreger der echten Septikämien, wie für Erreger von Organerkrankungen, wie Tuberkulose und Rotz. Wir beobachten bei den zum Versuch für gewöhnlich herangezogenen Thierarten ein so völliges Fehlen jeglicher Anpassung des Wirths an den ihn bestürmenden Parasiten, einen so völligen Mangel von Abwehrvorrichtungen, dass es nicht nur zum Krankheitsvorgang, sondern auch zum regelmässigen Unterliegen des Individuums kommt. Wiederum beobachten wir auffallende Verschiedenheiten im Verhalten ähnlicher Rassen und Spielarten, von denen die eine höchst disponirt, die andere völlig immun ist. Ueber die Ursache dieser Verhältnisse sind wir ganz im Unklaren und wissen nur, dass die angeborene Immunität von der erworbenen und erblich übertragenen sich in wichtigen Punkten unterscheidet.

Ganz ausserordentlich verschieden, so verschieden, dass eine Uebertragung der Ergebnisse am Thier durch Analogie nicht zulässig ist, liegen die Verhältnisse beim Menschen, dessen Anpassung an mikroparasitäre Schädigungen eine sehr weitgehende sein muss. Echte primäre Septikämien im bakteriologischen Sinne, d. h. die unendliche und ungehinderte Vermehrung eines Mikroorganismus in der Blutbahn durch Eindringen desselben selbst in geringeren Mengen, dieses Zeichen absoluter und und höchster Widerstandsunfähigkeit gegen den Schädling, giebt es bei uns gegenwärtig überhaupt nicht; auch der Milzbrandbacillus tritt zunächst als Erreger örtlicher Erkrankung auf, die nur unter besonderen Verhältnissen sich generalisirt. Die Begleiter der häufigsten bakteriellen Erkrankungen des Menschen, die schon genannten Streptokokken und Staphylokokken, des Bacterium coli, sind für ihn erwiesenermaassen kein primärer Krankheitserreger; für den Pneumoniecoccus spricht sein ganzes Verhalten, dass die Sache nicht anders liegt. Handelt es sich bei diesen Krankheitserregern um individuelle Vorgänge, so ist der Zusammenhang bei den verheerenden Seuchen des Menschengeschlechts doch sicher zweifelhaft. Während für Tuberkulose und Cholera die strikten Bakteriologen auf die obigen ungenügenden Voraussetzungen und die willkürliche Uebertragung des Thierversuchs sich stützen und die zu beweisende Virulenz vorwegnehmen, während sie für

Tuberkulose auf eine zwar interessante, aber spärliche und nicht eindeutige Kasuistik sich stützen können, für Cholera aber auf Grund der freiwilligen und unfreiwilligen Infektion des Menschen kaum noch diese Stütze haben, behaupten Epidemiologen und Kliniker die Nothwendigkeit der Annahme disponirender Momente, und es besteht daher heute jener Zwiespalt der Meinungen, der nach Flügge's Ansicht für die Cholera sich in hartnäckiger, aber fruchtloser Debatte noch in's nächste Jahrhundert hinziehen wird. Es ist aber als ein unbewiesener Nothbehelf, als eine petitio principii zu bezeichnen, wenn für diese Krankheiten, speciell für Cholera, die strikten Bakteriologen eine die Hälfte der Menschen und mehr umfassende Immunität annehmen.

Wir kennen eine Gattungsimmunität und Gattungsdisposition bei Thieren, aber keine dergleichen individuellen Verschiedenheiten; sind solche in so ausgedehntem Maasse vorhanden, so sind auch deren Gründe nicht gleichgültig, sondern für das Wesen des Vorgangs von primärer Bedeutung.

Thatsächlich liegt also bei Tuberkulose und Cholera die Frage so, dass die Nothwendigkeit noch anderer Ursachen als der Bakterien zum Zustandekommen der Krankheit von den Bakteriologen nicht widerlegt, sondern nur auf Grund von Doktrinen bestritten, von der anderen Seite aber mit sehr wichtigen Gründen gestützt ist.

Beim Typhus abdominalis ist die ganze Sachlage durch das Zusammenbringen des Typhusbacillus mit dem Bacterium coli komplicirt; das einzige Moment, das gegen die Identität beider Formen spricht, verschiedenes Verhalten in Bezug auf Gährungseigenschaften, fällt zu sehr in's Bereich der schwankenden Virulenz, um dauernd als trennend gelten zu können; jedenfalls ist auch nicht der Schatten eines Beweises beigebracht, dass das Verschlucken des Typhusbacillus allein ohne primäre disponirende Eigenschaften den Typhus abdominalis erzeugt. Für die meisten wirklich kontagiösen Erkrankungen des Menschen, wie Scharlach, Masern, Flecktyphus, gelbes Fieber, kennen wir nicht einmal die Erreger, und es ist nicht bewiesen, dass sie dem Kreise der Bakterien angehören. Nur für die Gonorrhoe ist durch Versuche am Menschen wiederholt eine Schleimhauteiterung hervorgerufen, die beweisen kann, dass

der Gonococcus für sich allein eitererzeugende Eigenschaften
auf Schleimhäute besitzt.

Bleibt noch die Diphtherie, von der, wie später im Zusammenhang dargelegt werden soll, ganz und gar nicht bewiesen ist, dass der Löffler'sche Bacillus der primäre und
alleinige Erreger derselben ist.

Nach diesem Verhalten der Mikroparasiten des Menschen
und der Unsicherheit aller Gründe, die für einen einfachen
Kausalzusammenhang sprechen, dürfte es nicht Wunder nehmen,
wenn Jemand die Hypothese wieder aufnähme, die Mikroorganismen hätten beim Menschen überhaupt nichts mit der Krankheit
zu thun sie seien die jeweiligen Begleiter der aus ganz anderen
Ursachen entstandenen Erkrankung und nur deren Folgen, die sich mit derselben Gesetzmässigkeit einfinden,
wie die verschiedenen Vertreter der Thierformen bei
den verschiedensten Stadien der Verwesung. Widerlegt wäre eine solche Hypothese thatsächlich nicht für gewisse
Krankheitszustände des Menschen, wenn weiter kein Beweis
vorliegt, als das konstante Vorkommen des specifischen Bacillus
bei einem bestimmten klinischen Symptomenkomplex. Aber
vor ihrer generellen Annahme bewahrt uns zunächst doch das
Verhalten des Thierkörpers, das unmöglich sich so principiell
verschieden von dem des Menschen verhalten kann; dann aber
die Thatsachen, die uns die jüngste Zeit über die Bakterien-
gifte gebracht hat. Diese Erfahrungen geben zugleich
einige Andeutungen über die Ursachen des verschiedenen Verhaltens von Mensch und Thieren. Es ist der Wissenschaft ge-
lungen, das festzustellen, was vermuthungsweise schon früher
angenommen wurde und was in der vorbakteriologischen Zeit
sogar vielfach als erwiesen vorausgesetzt wurde, dass die
meisten Mikroorganismen Gifte bilden und Gifte für den
thierischen Organismus selbst sind, und dass von dieser Eigenschaft aus ein grosser Theil ihrer Wirkungen zu verstehen ist.
Dass die Bakterien, in grösserer Menge den Geweben des Körpers einverleibt, auch schon mechanisch ganz bestimmte nicht
specifische Störungen hervorrufen und Abwehrmechanismen des
Organismus ganz gleichmässig und unabhängig von ihrer Art
auslösen müssen, gehört als selbstverständlich nicht mit hierher. Die Bakterien wirken aber, vermöge ihrer Leibessubstanz,

weil fremdartige Eiweisskörper, auch auf den Organismus als Gift, dessen Wirkung dadurch, dass sie ausserdem belebt sind, vielleicht nicht wesentlich geändert wird. Denn wir sehen, dass diese Wirkungen, welche durch die „giftigen“, d. h. heterogenen, Eigenschaften des Bakterienkörpers selbst erzeugt werden, in wichtigen Punkten gleichartig unter einander und gleich den entsprechenden Wirkungen ihrer todten Leiber oder ganz anderer Eiweisskörper sind. Die Uebereinstimmung der ausgelösten Wirkung ist eine so grosse, dass soweit die Leukocytose, die erzeugte Blutveränderung des Organismus, die Immunität oder die erhöhte Disposition für anderweitige Infektionen in Betracht kommen, verschiedene Bakterienarten und ganz andersartige Substanzen mit einander beliebig vertauscht werden können. Also auch hier hängt die Verschiedenheit der Wirkung weniger von der Verschiedenheit der Gifte, vielmehr von dem verschiedenen Verhalten der vergifteten Organismen ab.

Ganz entgegengesetzt aber ist das Verhalten der von einigen Mikroorganismen producirten Gifte, die entsprechend der botanischen Specificität ihrer Art, für diese ebenso eigenthümlich sind, wie dies für die Digitalis oder die Belladonna gilt. Nach dieser Richtung hin muss eine Specificität unbedingt zugegeben werden, umsomehr als bis jetzt nicht bezweifelt werden kann, dass das gleiche Gift von der gleichen Art im lebenden ebenso wie im unbelebten Nährboden gebildet werden kann. Nur freilich müssen auch hier dann die Gesetze der Toxikologie Anwendung finden, welche lehren, dass der Begriff der Giftwirkung ein sehr relativer und abhängig vom vergifteten Thierkörper ist, dass aber die verschiedensten Gattungen, Altersstufen und Individuen ein wechselndes Verhalten zeigen. Wollte man für diese relativen Beziehungen allein zwischen Thierkörper und specifischem Gifte den Begriff der Virulenz aufsparen, so würde das Verständniss vieler Vorgänge wesentlich erleichtert werden. Man würde verstehen, dass gewisse Bakterien den Organismus vergiften können, dass sie, durch ungünstige Lebensbedingungen abgeschwächt, geringere bis unwirksame Mengen Gift erzeugen, aber auf den geeigneten Nährboden verpflanzt, sich erholen und wieder giftig wirken können. Der vieldeutige Begriff der

Virulenz, wie er oben geschildert, würde damit wegfallen. Der Vermehrung von Bakterien im Organismus selbst aber würde die sekundäre Bedeutung ohne Weiteres zugestanden werden, die ihr gebührt, nämlich nichts weiter anzuzeigen, als die geschwächte Widerstandskraft des Organismus durch vergiftende Einflüsse, mögen die letzteren in mannigfachen anderen Ursachen begründet sein oder wie so oft, durch die Einverleibung von Bakteriengiften selbst, gleichartigen oder andersartigen, hervorgerufen sein.

Aber selbst wenn dieser Standpunkt sich durchringt, so erfordert die Inkonstanz der Virulenz immer noch die Heranziehung anderer Momente zur Erklärung. Wir sind berechtigt, angesichts der Verschiedenheit der Toleranz der verschiedenen Rassen gegen Gifte den Beweis zu verlangen, dass das Gift des als Krankheitserzeuger hingestellten Parasiten, das Ernährungsoptimum vorausgesetzt, auch für den Menschen an sich ohne mitwirkende Umstände toxisch ist, und dieser Beweis steht bisher doch aus. Wir werfen die Frage auf, ob der normale Organismus nicht Mittel besitzt, das eingedrungene Gift zu paralysiren, wie er dies gegenüber so viel anderen durch die Epithelfilter passirenden eiweiss-, pepton- und fermentartigen Giften durch Anpassung besitzt, und müssen zu der Hypothese gelangen, dass der Anlass der Krankheit weniger darin zu suchen ist, dass die in oder auf uns wuchernden Bakterien uns vergiften, als dass irgend welche Ursachen jene Abwehrmechanismen des Organismus erst ausser Funktion setzen. Diese Hypothese liegt nahe genug, wenn man vernimmt, dass die meisten Menschen den Pneumoniebacillus und das Bacterium coli als harmlose Schmarotzer beherbergen, dass viele Kinder vollgiftige Diphtheriebacillen auf ihren Schleimhäuten führen, ohne jemals krank zu werden.

Also auch hier dieselben berechtigten und durch nichts bisher widerlegten Zweifel, ob auch die specifische Giftbildung specifischer Bakterien allein genügt, die Entstehung der Krankheit zu erklären, ohne wesentliche, primäre ihrem Gifte den Zugang eröffnende Vorgänge.

Wenn dieser Standpunkt richtig oder auch nur nicht widerlegt ist, so muss zugegeben werden, dass die ganze Lehre und ihre Nutzanwendung, die Folgerungen über Verbreitung der Krankheit durch Kontaktinfektion mit dem virulenten Bacillus und die Abwehrmaassregeln, die nur die Vernichtung des Bacillus ausserhalb des menschlichen Organismus in's Auge fassen, ganz einseitig und ungenügend begründet sind, und dass alle jene Einwendungen, welche gegen diese sogenannte kontagionistische Lehrmeinung auf Grund anderweitiger Thatsachen erhoben werden, durchaus berechtigt sind und nicht mit dem Stolz auf die eigene Exaktheit so vornehm abgelehnt werden dürfen, wie dies seitens der Bakteriologen zu geschehen pflegt.

Auch für die Lehre vom Zustandekommen von Epidemien und deren Abwehr lassen sich die gleichen Einwände erheben, doch gehören die sich dann ergebenden Folgerungen nicht in den Rahmen der heutigen Auseinandersetzung.

Anhang.

Die Beziehungen des Diphtheriebacillus zur endemischen Diphtherie.

Geht man unter Berücksichtigung der eben hervorgehobenen principiellen Darlegungen über die Beziehungen der Krankheitserreger zur Krankheit an eine Zusammenstellung der Thatsachen, die uns die experimentelle Forschung über den Diphtheriebacillus gelehrt hat, und derjenigen, die wir der epidemiologischen Betrachtung danken, so ist es unmöglich, zu solchen Ergebnissen zu kommen, wie sie die kontagionistische Richtung vertritt und zu welchen jüngst Flügge über die Entstehung und Verbreitung der Diphtherie gelangt ist.

Wir wissen von dem Diphtheriebacillus, dass er ein konstanter Begleiter der diphtherischen Lokalerkrankungen ist und dass er hierbei fast stets, wenn auch nicht immer, von Streptokokken und Staphylokokken begleitet wird. Aus diesen Thatsachen allein folgt noch ganz und gar nicht, dass er auch der primäre und selbstständige Erzeuger der Erkrankung ist. Er findet sich aber auch zuweilen auf Schleimhäuten, die wesentlich der Sitz der diphtherischen Erkrankung sind, wie der Nasenhöhle gesunder Kinder und auf der Conjunctiva, ohne jemals Krankheitsvorgänge daselbst auszulösen; ja sogar in phlegmonösen Hautwunden hat man ihn aufgefunden.

Diese Thatsache ist geeignet, den Schluss abzuschwächen, als ob der Diphtheriebacillus für sich allein die Krankheit zu erzeugen vermag, wenn man sich nicht auf die schwankende Stütze der nichtssagenden persönlichen Immunität stützt. Der Diphtheriebacillus vermag oft genug, meist vergesellschaftet mit Streptokokken, auch in die inneren Organe einzudringen. In dieser Thatsache eine Stütze für seine pathogenen Eigenschaften zu finden, ist verfehlt; denn Vergiftungen ganz verschiedener Art begünstigen das sekundäre Eindringen der meisten, nicht ganz indifferenten Mikroorganismen in die Blutbahn und die blosse Thatsache von deren Auffindung innerhalb der Gewebe beweist nichts für ihre primäre pathogene Wirkung. Der Diphtheriebacillus ist, wo er in Krankheitsprodukten gefunden wird, virulent und das oft hochgradig. Aber das nur für das Meerschweinchen; und virulent ist er auch in solchen Fällen gewesen, in denen er aus nicht erkrankten oder krank gewesenen Schleimhäuten isolirt wurde. Die Giftwirkung gegenüber dem Meerschwein beweist aber nicht das Geringste für eine Giftigkeit gegenüber dem Menschen, ebenso wenig wie die Giftigkeit des Morphiums für den Menschen Schlüsse auf das Verhalten der dagegen refraktären Taube gestattet. Verschiedene Symptome des Krankheitsbildes am Menschen sind freilich in einigen Punkten denen ähnlich, wie sie bei der Vergiftung durch das künstlich gewonnene Gift am Thier gewonnen sind. Die Erfahrungen jedoch mit dem specifischen Choleragift an dem Thierkörper lehren, dass hier Täuschungen möglich sind; aber selbst diese Thatsache zugegeben, so folgt nur, dass der erkrankte Menschenkörper im Einzelfalle das Gift des Diphtheriebacillus nicht paralysirt hat, nicht aber, dass er es überhaupt allgemein nicht zu paralysiren in der Lage ist.

Hiermit sind nun alle wesentlichen experimentellen Thatsachen erschöpft, die den Zusammenhang zwischen Diphtheriebacillus und Diphtherieerkrankung beleuchten. Es ist unbestritten, dass ein gewisser Zusammenhang besteht; aber es fehlt jeder Nachweis, es ist sogar nicht wahrscheinlich, dass die Uebertragung des Diphtheriebacillus allein, selbst auf eine nicht intakte Schleimhaut eines Kindes, genügt, um das ganze Krankheitsbild auszulösen. Damit fällt aber die Berechtigung zu allen Schlussfolgerungen über Kontagiosität und Bekämpfung der Krankheit, die nur den Bacillus allein berücksichtigen.

Was lehren nun, dem gegenübergestellt, die epidemiologischen und klinischen Erfahrungen? Die Diphtherie findet leider allzu oft durch Kontaktinfektion vom erkrankten Individuum aus ihre verhängnissvolle Verbreitung, und besonders ist dies bei den schwereren Erkrankungen der Fall; indess ist dies traurige Ereigniss so eindrucksvoll, dass man zwei Thatsachen darüber vergisst, auf welche schon viele Autoren aufmerksam gemacht haben, neuerdings wieder Feer und ich. Die Zahl der durch Kontaktinfektion entstehenden Fälle ist erstens die Minderzahl gegenüber der Zahl der autochthon entstandenen Fälle und zweitens giebt die Mehrzahl der Fälle von Diphtherie nicht den Anlass zur Ausbreitung auf die Umgebung. Der grossen Zahl von Fällen, in denen virulente Diphtheriebacillen konstatirt wurden, und in welchen es zu keiner Verbreitung der Krankheit kam, steht eine ganz geringe Zahl von Beobachtungen gegenüber, in denen dies Ereigniss eintrat, nämlich die Beobachtung einer Autoinfektion von der Conjunctiva durch Uhthoff und die Beobachtung von Escherich von der gesunden Wärterin mit virulenten Diphtheriebacillen, auf deren Stationen Diphtherieerkrankungen vorkamen. Aber für diese positiven Fälle und für alle positiven klinischen Fälle steht der Beweis aus, dass die Uebertragung des Diphtheriebacillus allein für die Entstehung der Krankheit verantwortlich zu machen ist und nicht die gleichzeitige Mitübertragung anderer krankheitserzeugender Substanzen, deren Vorhandensein in diesen unreinen Fällen ja nicht zu bestreiten ist. Das ist kein ausgeklügelter Einwand des um jeden Preis nach Gegengründen haschenden Theoretikers, sondern der begründete Einwand des auch am Krankenbett thätigen Praktikers, welcher den ausserordentlichen Unterschied zwischen Kontagion bei Masern, Scharlach oder Varicellen und der ganz anders gearteten, an die Zeit nicht gebundenen, sondern oft durch besondere Gelegenheitsursachen erst hervorgerufenen Kontagiosität der Diphtherie wohl zu würdigen gelernt hat. Wer meinen Standpunkt theilt, wird auch die von Feer u. A. erwähnten Fälle, bei welchen in derselben kleinen Epidemie Angina ohne Bacillen und bacilläre Diphtherie durch einander vorkamen, zu verstehen wissen.

Dass die Disposition für Diphtherie keine Gattungsdisposition ist, wird allgemein zugegeben; das ist doch ein Grund mehr für den Einzelfall den Nachweis der Ursachen dieser Disposition nicht für unwesentlich zu erachten. Die Abnahme der Disposition mit zunehmendem Alter hat neulich Wassermann geistreich genug durch Selbstimmunisirung zu erklären versucht und vielleicht ist ihm Recht zu geben; aber dennoch ist sein Standpunkt nicht einwandsfrei, denn ist einmal die Wirkung des Diphtheriebacillus eine rein toxische, so haben wir auch bei anderen Giften, wie Morphium, eine gegenüber dem Kindesorganismus mit dem Alter zunehmende, später wieder abnehmende Toleranz, die doch nicht durch Selbstimmunisirung zu erklären ist; ausserdem beherbergen wir ständig Bakterien mit immunisirenden Eigenschaften für das Thier in unserer Mundhöhle, wie den Pneumoniecoccus, ohne jemals mit zunehmendem Alter oder selbst durch die überstandenen Krankheiten gegen ihn immunisirt zu werden.

Es liegt also auch nicht ein einziger zwingender Beweis dafür vor, dass die Uebertragung des Diphtheriebacillus allein die Krankheit verursacht, dass sein konstantes Vorhandensein in den Membranen und das von ihm daselbst producirte Gift die Symptome derselben erklärt, sowie dass nur seine Beförderung in die Umgebung des Kranken die Verbreitung der Krankheit verursacht.

Kommt man daher vom Standpunkte des objektiv alle Thatsachen abwägenden Berichterstatters zu der in ruhigem Tone wiederzugebenden Schlussfolgerung, dass mit dem blossen Nachweis des Diphtheriebacillus für das Verständniss der Krankheit, ihrer Entstehung, ihrer endemischen und epidemischen Verbreitung noch herzlich wenig gewonnen ist, so hält es schwer, diesen ruhigen Ton vom Standpunkte des Arztes, der täglich den Kampf gegen die Infektionskrankheiten zu bestehen hat, gegenüber solchen Thesen festzuhalten, wie sie jüngst von dem deutschen Diphtheriecomité in Pest aufgestellt worden sind. Die Verfasser sind, von der vorgefassten Meinung ausgehend, dass die Kenntniss der Eigenschaften des Diphtheriebacillus allein genügt, um Alles zu erklären, zu den weitgehendsten, praktischen Forderungen gekommen, welche Eingriffe in die Thätigkeit des Arztes, in das Selbstbestimmungsrecht der Familien enthalten, wie sie in den schlimmsten Seuchezeiten nicht eingreifender verlangt wurden. Anmeldungspflicht für verdächtige Fälle, Krankenhauszwang, Proklamirung des Bakteriologen als des einzigen Sachverständigen werden als nothwendige Forderungen der öffentlichen Gesundheitspflege hingestellt; die Erklärung, dass ein Kranker so lange als gemeingefährlich zu betrachten und von der Schule zurückzuhalten sei, als er virulente Bakterien beherberge (auch wenn das Monate dauert?), wird als selbstverständlich aufgefasst; als ob jemals ein Fall festgestellt sei, in dem virulente Bacillen allein gefährlich geworden seien und nicht vielmehr zahlreiche Fälle, in denen davon keine Rede war. Ja, man darf mit Fug und Recht nicht blos unbewusste Vernachlässigung offenkundiger Thatsachen, sondern Verschweigen derselben vorwerfen, wenn, wie jüngst von Abel, zur Begründung solcher Zwangsmaassregeln auch die Arbeit von Tobiesen citirt wird, in der das lange Haften virulenter Diphtheriebacillen bei zahlreichen Rekonvalescenten angegeben wird, wenn dabei aber die ausdrücklich von Tobiesen konstatirte und am Schluss seiner Abhandlung gesperrt gedruckte Thatsache verschwiegen wird, dass seine Befunde gegen eine grössere Ansteckungsgefahr durch Rekonvalescenten, die virulente Diphtheriebacillen beherbergen, sprächen.

III.

Serumtherapie und Heilungsstatistik.

Von

Adolf Gottstein.

Wir sind zu dem Ergebniss gelangt, dass die Vergiftung des Meerschweinchens mit dem Gifte der Diphtheriebacillenkulturen und die diphtherische Erkrankung des Menschen in Bezug auf Ursachen, Entstehung und Verlauf durchaus verschiedene Vorgänge sind. Es fehlt deshalb für das Diphtherieheilserum jeder Beweis, dass es ein specifisches, richtiger isopathisches Heilmittel ist. Die Empfehlung dieses Serums gegen Diphtherie hat theoretisch genau dieselbe Berechtigung, wie etwa die Empfehlung des Serums gegen Bacterium coli hochimmunisirter Thiere zur Heilung von Perityphlitis oder Gallenblaseneiterung. Somit ist der Standpunkt ein ausserordentlich klarer, den wir gegenüber der Anwendung des Diphtherieheilserums für die Behandlung der Diphtherie des Menschen einnehmen. Wir haben nicht nöthig, auf die Theorie von Behring oder die von Buchner oder die von Emmerich und Anderen über die Entstehung der Schutzstoffe im Blut des immunisirten Thieres uns näher einzulassen; die Frage der Antitoxine und ihrer Konstitution, die Vernichtung der Toxine durch Antikörper im Reagensglase, die Beobachtungen der Immunisirung und Entgiftung im Thierkörper haben für uns nur ein untergeordnetes Interesse. Im vorliegenden Falle handelt es sich einzig darum, dass uns für die Behandlung des an Diphtherie erkrankten Menschen eine Substanz als Heilmittel empfohlen wird, welche ausserdem noch die Eigenschaft besitzt, Thiere gegen die Vergiftung mit der toxischen Substanz der Diphtheriebacillen zu immunisiren und sogar die mit dieser Substanz schon vergifteten Thiere bei frühzeitiger Anwendung vor dem Tode zu retten. Wir haben auch nicht nöthig, hier die Frage näher zu behandeln, ob der Schluss berechtigt ist, die Heilung als eine beschleunigte Immunisirung bei schon vorhandenen Prodromen anzusehen. Denn es ist hier nicht der Ort, die gewichtigen Gründe anzuführen, die gegen eine solche Annahme sprechen und die besonders beweiskräftig aus den Erfahrungen über Proteïnimmunisirung und z. B. aus den Mittheilungen von R. Pfeiffer über Heilung der experimentellen Cholera der Meerschweinchen sich ergeben[1]). Es darf uns auch das zufällige Zusammentreffen nicht irre machen, dass das uns jetzt in so Aufsehen erregender Weise neu empfohlene Heilmittel durch seinen Ursprung ein specifisches sein soll, denn auch das Tuberkulin wurde uns zuerst, vermöge seiner Herkunft aus Kulturen von Tuberkelbacillen, als ein specifisches Heilmittel empfohlen, dessen Wirkung gerade durch seinen Ursprung bedingt sei. Aber ganz abgesehen davon, dass sich die vielen Erwartungen, die man an dieses Mittel knüpfte, nicht erfüllt haben, so zweifelt heut Niemand mehr daran, dass die Vorgänge, die das Tuberkulin erzeugt, mit seinem Ursprung gar nichts zu thun haben, nicht specifisch sind und durch eine Reihe anderer von Zellen stammender Substanzen und sogar ganz andersartiger Körper genau in gleicher Weise erzeugt werden können.

Ob also das Behring'sche Mittel ein Heilmittel für Diphtherie ist, das ist eine Frage, die mit seiner Entstehung gar nichts zu thun hat, und die schwankenden Grundlagen seiner theoretischen Begründung gäben an sich allenfalls erhöhte Veranlassung seiner Empfehlung mit einem etwas grösseren Misstrauen gegenüberzutreten, als der Empfehlung irgend eines anderen Mittels. Aber freilich ist die Prüfung des Erfolges keiner anderen Methode unterworfen als diejenige anderer Mittel ist, nämlich der klinischen Beobachtung und der

---

[1]) Zeitschr. f. Hygiene XVI, 282.

statistischen Auszählung; und der Umstand seiner zufälligen eigenartigen Herkunft kann dasselbe hiervon nicht befreien.

Gegenüber der enthusiastischen Aufnahme, welche die Vorträge von Behring, Ehrlich und Wassermann und die in denselben enthaltenen Prophezeiungen im Ausland und in Deutschland gefunden haben, ist es bedauerlich, dass die zur Prüfung der Erfolge der Methode vorliegenden Zahlen, die einer näheren Betrachtung zu Grunde gelegt werden können, vorläufig ausserordentlich klein sind. Behring selbst hebt zwei Arbeiten als brauchbar hervor, die von Heubner und diejenige von Kossel. Die Arbeit von Heubner kann leider für eine vergleichende Betrachtung nicht herangezogen werden, weil sie Leipziger Verhältnisse behandelt, die zum Vergleiche heranzuziehenden Zahlen aber in der erforderlichen Genauigkeit für uns nur in Bezug auf Berlin zu haben sind[1]). Es bleiben für Berliner Verhältnisse also nur die zwei Arbeiten von Kossel, die zwar über eine grössere Zahl von Fällen kurz, aber nur über 33 Fälle ausführlich berichten, die Mittheilungen aus verschiedenen Krankenhäusern und die Arbeit von Katz, welche die Erfahrungen mit dem von Aronsohn bereiteten Serum aus dem unter Baginsky's Leitung stehenden Krankenhause enthält. Eine besondere Erwähnung verlangt noch eine Arbeit von Weibgen, die, das Material des Krankenhauses am Friedrichshain bearbeitend, vergleichende Zahlen beibringt, deren Ergebniss einen bisher deutlich erwiesenen Erfolg der Serumbehandlung gegenüber anderen Methoden nach den bisherigen Thatsachen nicht ohne Weiteres zugesteht. Ich habe nun, um eine brauchbare Statistik zu erhalten, die erforderlichen Daten aus den amtlichen Veröffentlichungen des Reichsgesundheitsamtes entnommen. In diesen Veröffentlichungen, die

---

[1]) Der Ausschluss der Zahlen von Heubner kann nur zu Gunsten der Serumtherapie ausschlagen, denn H. berichtet über 62,5 % Genesung, d. h. 37,5 % Mortalität, die doch so überaus günstig nicht ist. Allerdings scheint die Mortalität an Diphtherie in den Leipziger Krankenhäusern besonders gross zu sein. Seit dem Jahre 1893 führen die Veröffentlichungen des Reichsgesundheitsamts die Leipziger Zahlen an. Danach sind im Jahre 1893 in Leipziger Krankenhäusern 175 Fälle von Diphtherie aufgenommen und 89 gestorben (Mortalität 50,8 %!), im Jahre 1894 bis 1. Sept. 109 (41) (Mortalität 37,6 %). Aber die Zahl ist für Schlüsse zu klein.

mit dem Jahre 1879 beginnen, sind die Angaben für die Krankenhäuser Berlins, betreffend die aufgenommenen Fälle von Diphtherie und die Zahl der Todesfälle vom Jahre 1880 bis 1888
angegeben und konnten einfach übernommen werden. Von
1889 an sind die Zahlen nicht gesondert aufgeführt und mussten
von mir durch Zusammenzählung der Wochenberichte gewonnen werden. Dabei ergaben sich einige kleine Schwankungen
durch die in den einzelnen Jahrgängen verschieden geübte
Aufführung von Diphtherie und Croup. Die Zahl der Ge-
sammttodesfälle in Berlin ist von 1879 bis 1884 angegeben;
dagegen fehlt bis 1885 die Zahl für die Gesammtanmeldungen
von Diphtherieerkrankungen.

Von 1886 an, wo die Veröffentlichungen in neuem Verlage
und in neuer Form erscheinen, kann man wiederum durch
Zusammenzählung der Wochenberichte auch die Zahl der An-
meldungen erhalten. Doch sind auch hier wieder durch die
verschiedene Behandlung von Croup und Diphtherie einige
kleine Unrichtigkeiten unvermeidlich.

Mit Hilfe der Veröffentlichungen nun konnte ich folgende
Tabelle zusammenstellen. Eine Berechnung auf die Zahl der
Lebenden habe ich unterlassen, da es hier nur auf den Procent-
satz der Mortalität ankommt.

Jahr	Zahl der Erkran-kungen	Todesfälle	%	Aufnahme im Kranken-hause	Todesfälle daselbst	%
1880		1422		1055	403	38,2
1881		1778		1252	559	44,6
1882		2134		1552	722	46,5
1883		2932		2256	1049	46,5
1884		2640		2248	951	42,3
1885		—		1928	789	40,9
1886	6968	1662	23,8	1738	609	35,0
1887	5438	1392	25,6	1636	598	36,5
1888	4190	1195	28,5	1446	523	36,2
1889	4220	1210	28,7	1623	573	35,3
1890	4586	1601	35,0	1792	695	38,8
1891	3504	1106	31,3	1764	623	35,5
1892	3683	1342	36,4	2074	837	40,3
1893	4315	1637	38,0	2450	951	39,0
1894 bis 1. IX.	2773	949	34,2	1576	532	33,7

An dieser Tabelle fällt zunächst die erste Reihe auf; die Zahl der angemeldeten Erkrankungsfälle sinkt trotz der beträchtlichen Zunahme der Bevölkerung fast stetig und beträgt 1891 genau die Hälfte der Fälle von 1886. Trotzdem auch in der Reihe, betreffend die Krankenhausaufnahmen, mit Rücksicht auf den Zuwachs der Bevölkerung eine oft erhebliche Abnahme und nur zuweilen eine geringere Zunahme zu konstatiren ist, ist hier der Abfall der Kurve ein viel steilerer. Im Gegensatz dazu steigt die Mortalitätsziffer stetig bis auf einen kleinen Abfall im Jahre 1891. Wer Berliner Verhältnisse nicht kennt, wird sich dies Verhalten schwerlich erklären können; für den Berliner Praktiker sind sie nur eine Bestätigung längst vermutheter Voraussetzungen. Die Zahlen der ersten Kolumne sind falsch und mit Ausnahme vielleicht des ersten Jahres für statistische Schlüsse unbrauchbar, sie sind die erwarteten Folgen des Desinfektionszwangs, wie er seit 1887 polizeilich durchgeführt ist. Die ausserordentlichen Unbequemlichkeiten, die jene Einrichtung für das Publikum zur Folge hat, die Kosten, Schäden im Beruf der Patienten u. s. w. haben einfach dazu geführt, dass ein Theil der kleineren Berliner Leute ärztliche Hilfe nicht mehr sucht, oder Geheimmittel anwendet oder den zur Anzeige nicht verpflichteten Naturheilkundigen hinzuzieht, z. Th. um der Gefahr zu entgehen, dass der Desinfektionswagen anrückt. Einen grossen Theil der Schuld tragen auch die Aerzte, welche leichtere Fälle, um ihren Patienten und sich die Folgen zu sparen, einfach nicht gemeldet haben, denn sonst wäre es unverständlich, dass die Zahl der Krankenhausaufnahmen derjenigen der Gesammtfälle oft sehr nahe kommt, und dass in den letzten Wochen dieses Jahres nach jenem Processe, in welchem zwei Aerzte wegen unterlassener Anmeldung bestraft wurden, plötzlich in jähem Anstieg die Zahl der angemeldeten Fälle sich fast verdoppelt. Die Zunahme der Mortalität insgesammt ist also nur eine scheinbare, bedingt durch unterlassene Anmeldung einer grossen Zahl von Erkrankungen. Für ganz vereinzelte Fälle ist sie eine wirkliche, für diejenigen, in welchen einzelne Eltern aus Furcht vor der folgenden Desinfektion jegliche Hilfe verabsäumen und der Arzt nach vieltägiger Krankheit zu dem sterbenden Kinde wenige Stunden vor dessen Tode gerufen wird.

Es ist für die vorliegende Betrachtung nicht von Belang, festzustellen, ob die Bösartigkeit der Diphtherie für Berlin seit 1880 im Abnehmen begriffen ist und ob die Endemie gerade in der Injektionsperiode besonders gutartig war, wie Canon und Weibgen andeuten. Thatsache ist es aber, dass von den die Krankenhausmortalität betreffenden 15 Zahlen nur 6 unter der von Heubner angegebenen Zahl liegen, drei ihr ziemlich gleich kamen, dagegen keine einzige Zahl sich derjenigen nähert, wie sie für die Erfolge der Serumbehandlung von Kossel und Katz angegeben werden.

Kossel hatte bei 233 Fällen eine Mortalität von 23 % Katz sogar bei 151 Fällen nur eine solche von 16,5 %. Die Zahl von 1894, die niedrigste bisher beobachtete, von welcher aber doch die ungünstigen Wintermonate noch fehlen, übersteigt dieselbe beträchtlich, nämlich um 11 resp. 17 %; nach dieser Zahl hätte man bei Kossel 71, bei Katz 51 statt 54 resp. 25 Todesfälle erwarten dürfen. Etwas Ausserordentliches sind aber für die Diphtheriemortalität diese Zahlen nicht; sie entsprechen eben nur ungefähr derjenigen Sterblichkeit, welche für Berlin insgesammt erzielt wird; sie sind aber immer noch, wie der Vergleich mit anderen endemischen Krankheiten lehrt, der Ausdruck für eine sehr mörderische Krankheit und überwiegen weit die Mortalität an Diphtherie in anderen, von dieser Krankheit weniger heimgesuchten Städten. So erhielt z. B. Feer auf Grund einer Statistik von 4000 Fällen der Jahre von 1875—1891 eine Mortalität von durchschnittlich nur 12,7 %, die noch dazu nur durch einige Epidemiejahre zu dieser Höhe gelangte. Die einzelnen Jahreszahlen schwanken bei ihm zwischen 34,1 und 6,2 %. Zieht man freilich nur die Krankenhausstatistik Berlins zum Vergleiche heran, so steht man zunächst unter dem Eindruck, dass unter Anwendung anderer Mittel derartige Ergebnisse bisher nicht beobachtet wurden.

Es fragt sich nun, wie dies Ergebniss zu erklären ist. Die gegebene Statistik selbst ist nicht in wesentlichen Punkten anfechtbar. Diejenige von Katz muss man ohne Weiteres hinnehmen, weil Krankengeschichten fehlen; was die von Kossel betrifft, so ist sie nach seinen Angaben entstanden durch Zusammenzählung der Ergebnisse im Elisabethkrankenhause, Urban, Friedrichshain, Moabit und im Institut für Infektionskrankheiten. Danach berechnet Kossel 233 Fälle mit 54 Todesfällen. Wenn man diese Berechnung auf Grund der Veröffentlichungen der Zeitschrift für Hygiene und der Deutschen medicinischen Wochenschrift nachprüft, kommt man zu einem etwas abweichenden Resultat: Es resultiren nämlich 236 Fälle mit 57 Todesfällen. Offenbar hat Kossel den tödtlichen Fall 22 seiner eigenen Beobachtung nicht mit eingerechnet, wie aus seiner Alterstabelle mit Sicherheit folgt und noch zwei weitere Todesfälle aus der Statistik ohne nähere Begründung fortgelassen, vermuthlich seine beiden Todesfälle aus dem Jahre 1893. Danach verändert sich die Mortalität von 23 % auf 24,1 %; doch ist dieser Unterschied nicht von Belang[1]).

Ein zweiter Einwurf kann dadurch bedingt sein, dass besonders leichte Fälle zur Beobachtung kamen. Dieser Einwurf ist für die Fälle von Kossel allerdings zum Theil berechtigt. Wenn er unter denselben 4 Patienten aufführt, welche stecknadelkopfgrosse (!) Beläge einer Tonsille ohne nennenswerthe Drüsenschwellung und ohne Fieber aufwiesen und von denen nur einer später noch um sich griff, so sind solche Fälle sicher nicht geeignet, als Maassstab für eine neue Heilmethode zu dienen; auch sonst berichtet Kossel über eine

---

[1]) Durch Zurechnung der von Canon aus der Mitte des Jahres 1893 erwähnten 15 Fälle mit 3 Todesfällen wird an dem Ergebniss nichts geändert. (23,9 %.)

Zu seinem nicht eingerechneten Fall 22, einem dreizehnjährigen Knaben, der am 6. Tage des Leidens schwer krank in Behandlung kam und 8 Tage später starb, bemerkt Kossel, dass er als hoffnungslos überhaupt nicht in Behandlung genommen wäre, wenn nicht private Gründe zur Behandlung vorgelegen hätten. Offenbar bezieht sich ein solches Vorgehen nur auf diesen Fall; denn wenn allgemein alle Fälle, die von vornherein als hoffnungslos erschienen, von der Behandlung ausgeschlossen worden wären, hätte ja der ganze Bericht nicht den geringsten Werth. Die Krankenhausmortalität ist ja nur durch die Belastung mit diesen hoffnungslosen Fällen grösser als die Mortalität insgesammt. Die verspätete Inanspruchnahme an sich war für Kossel kein Grund zur Ausschliessung, da er noch über 5 weitere Fälle berichtet, die nach dem fünften Tage in Behandlung kamen und von denen vier genasen.

nicht ganz kleine Zahl leichter Fälle, aber es sind auch einige recht ernste Fälle in Genesung übergegangen. Jedenfalls aber gilt dieser Einwand nicht gegenüber der Statistik der anderen Krankenhäuser, soweit Krankengeschichten vorliegen.

Es bleibt noch die Möglichkeit, dass zur Zeit der Injektionsperiode besonders günstige epidemiologische Verhältnisse vorlagen. Dieser Einwand ist begründet und von Canon und Weibgen für ihre Stationen hervorgehoben, wenn sie darthaten, dass sie in anderen Perioden zeitweise nahezu die gleichen Resultate hatten. Auch ich kann aus meiner Krankenhausstatistik ähnliche Zahlen entnehmen. So hatte der Juli 1891 im Ganzen 112 Aufnahmen mit 23 Todesfällen = 20 %; das Jahr 1889 bietet mehrfach Perioden von 3 bis 7 Wochen, in denen die Mortalität zwischen 20 und 25 % lag; in der zweiten Woche des Juli 1890 kamen auf 25 Aufnahmen 2 Todesfälle, im Juli 1887 auf 22 resp. 17 Fälle je 2 Todesfälle, der ganze Monat hatte eine Mortalität von 21 % [1]).

Es kann also kaum bestritten werden, dass ein mildes Auftreten der Diphtherie, gemeinsam mit zufälligen und unbekannten Faktoren, mitgewirkt haben kann, um ein Herabgehen der Mortalität während der Injektionsperiode um einige Procent zu bewirken, welches an sich für Berliner Krankenhausverhältnisse sehr selten, aber durchaus nicht ganz unerhört gewesen ist; und dass die verhältnissmässig kleinen Zahlen der Beobachtungsreihen bei dem Ergebniss mit in's Gewicht fallen. Man vergleiche nur die kleinen Zahlen der

---

[1]) Bei Schlussfolgerungen allein aus den Mortalitätszahlen, die aus kleinen Gruppen gewonnen werden, ist äusserste Zurückhaltung nöthig. Die Wochenberichte aus Berliner Krankenhäusern zeigen untereinander die weitesten Schwankungen. Ich habe aus meinen Zusammenstellungen Zahlenreihen wie die folgenden beliebig herausgegriffen: 41, 9, 30, 40, 11, 38 oder 45, 19, 61, 15, 52 oder 15, 11, 44, 10, 36, 36, 38, 21 %. Selbst die vierfach grösseren Monatszahlen zeigen, meist entsprechend den Jahreszeiten, oft grosse Unterschiede, so hatte 1889 der Februar eine Mortalität von 51 %, der Juli bei fast derselben Krankenzahl (114 resp. 105) eine solche von 19 %. Wenn daher jetzt aus Magdeburg berichtet wird, dass von 58 in dortigen Krankenhäusern mit Serum behandelten Kindern 11 genesen, 16 gestorben und 31 in Behandlung geblieben wären, so soll daraus noch nichts gefolgert werden.

einzelnen Krankenhäuser, um in Einzelfragen auf Verschiedenheiten der Ergebnisse zu stossen, die kaum auf die Behandlung zurückzuführen sind. Unter den 60 Fällen des Urban genasen alle Kinder von 2 Jahren, während die von 5 bis 7 Jahren, was nicht gewöhnlich, besonders häufig zu Grunde gingen; Tracheotomien waren nicht häufig ($^1/_3$), hatten aber eine sehr grosse Mortalität; im Elisabethkrankenhause waren unter 34 Fällen 20 Tracheotomien, von denen 14 genasen. Aehnliche Unterschiede sind häufig und nur durch Walten des Zufalls zu erklären.

Aber trotz dieser sehr berechtigten Einwände kann vorläufig die Möglichkeit nicht geleugnet werden, dass die Behandlung an der Verbesserung der Mortalität um einige Procente ihren Antheil hat. Nur ist dieselbe im Ganzen so gering, dass von den Triumphen einer specifischen Heilmethode ganz und gar nicht die Rede sein kann. Das Ergebniss berechtigt nicht zu derjenigen Begeisterung, die allenthalben ertönt, aber es fordert zu weiteren nüchternen therapeutischen Versuchen auf, namentlich nach der Richtung, in wie weit die bisher niemals bei Diphtherie, wohl aber bei anderen Krankheiten geübte Injektion von indifferenten Salzlösungen, deren Wirkung durch Zugabe differenter Thiereiweisslösungen nicht komplicirt wird, den Krankheitsverlauf beeinflusst.

Die Verkünder der Serumtherapie sagten sich nun selbst, dass die Erfolge der Statistik, trotz des kleinen Umfangs derselben, so glänzende nicht sind. Sie stellten darum das Dogma auf, dass die Resultate der Behandlung von dem frühen Anfang derselben abhängig sind. Später könnten Mischinfektionen, Schwächung des Organismus etc. die Aussicht auf Erfolg trüben. Ja die Zahlen der Menschenleben, welche durch frühzeitige Injektion jährlich zu retten sind, wurden schon vorweg festgestellt und hypnotisirten den begeisterten Zuhörerkreis. Es wäre interessant, einmal die suggestive Wirkung des Schlagwortes in der Geschichte der Therapie zu behandeln; das Dogma von der Heilwirkung des Diphtherieserums und seine Wirkung auf die Aerztewelt Europas gäbe ein interessantes Beispiel. Zwar kleine Statistiken, wie diejenige des Urban, bestätigen diesen Satz unbedingt; grössere Zahlen aber machen die Deutung zweifelhaft.

Wenn man die zwei Kossel'schen Statistiken der 233 Fälle nach Alter und nach Krankheitstag betrachtet, so fragt man sich verwundert, warum er aus der ersten keine Schlüsse zieht, wohl aber aus der letzten. Aus der ersten Tabelle geht unwiderleglich die längst bekannte Thatsache hervor, dass die Mortalität im Alter von 2—5 Jahren am grössten, zwischen 5 und 7 Jahren sinkt und von 8 Jahren an äusserst gering ist[1]). Die zweite Tabelle, welche den Erfolg nach dem frühzeitigen Beginn der Behandlung beweisen soll, betrachtet man zweifelnd, weil zunächst die Zahlen für die ersten zwei Krankheitstage nicht so besonders gross sind, um den Zufall auszuschliessen, und weil leider Altersangaben fehlen; aus der ersten Tabelle geht aber hervor, dass die höheren Altersklassen in einer den Durchschnitt übersteigenden Zahl an den 233 Fällen betheiligt sind.

Unter den 236 Fällen von Kossel sind 108 über 5 Jahre, 48 über 8 Jahre. Wer unbefangen die Tabellen prüft, begreift nicht, wie man zu einem Schluss über den Einfluss des Beginns der Behandlung berechtigt ist, wo der Einfluss des Alters so klar zu Tage tritt, wie in Kossel's erster Tabelle.

Die Veröffentlichungen geben leider keine Gelegenheit, die zweite Tabelle von Kossel in Bezug auf das Alter zu vervollständigen. Genauere Krankengeschichten liegen nur für 97 Fälle vor, die 33 von Kossel, 34 des Elisabethkrankenhauses und die 30 schweren Fälle des Urban. Ich habe für diese 97 Fälle die Tabelle vervollständigt; die Zahlen in der Strichreihe bedeuten das Lebensalter, das Kreuz den tödtlichen Ausgang. (Tabelle siehe umstehend.)

Wer diese Tabellen betrachtet, wird finden, dass von den 15 Fällen von 8 Jahren und mehr deren 8 in den ersten drei Tagen zur Behandlung gelangten, dass also schon dadurch das Ergebniss günstig beeinflusst werden könnte. Aber jeder Unbefangene wird bei dieser Tabelle auch zugestehen, dass ein Versuch, aus den Zahlen einen Schluss zu ziehen, eine rechnerische Spielerei ist; die Zahlen sind zu gering, ihr Ausschlag ein zu wechselnder, um etwas Anderes zu sehen, als das Wirken

---

[1]) Von 47 Kindern über 8 Jahren sind bei Kossel 2, von 28 über 9 Jahren 0 gestorben.

Tag	1.	2.	3.	4.	5.	6.	7.	8.	9.	10.	12.	14!	22!
Kossel . .	3 7 7	1 2½ 4 4 5 5 5 6 6 7 8 10 11	2 2 6 8 8	3 3† 4† 9	4 8	9 13†	3 5	2† 5					
Elisabeth	2 5½	1 2½ 3 3¾ 4 6 10½	3 3¾ 8	5†	1½† 2½ 3¾ 4 9½	¼	4½ 7¼† 7	3½	3½ 3¾ 4† 4¾ 6 6† 6¾†		7½ 8¾	2½	
Urban . .		5	1¾ 2¼ 2½ 2½ 3½ 6½ 9	1½ 3 5 5† 13¾	3¼ 3½† 6† 7† 7† 7†	2½†	2¾ 3 4½†	4½† 3† 5†	8	3†	3† 5¾†		4†

des Zufalls. Doch ein Gedanke drängt sich Jedem auf, der
in den Tabellen die grosse Mortalität des 5.—8. Tages sieht,
wenn er jemals Fälle von Diphtherie behandelt hat. Wie ist
es möglich, die wirkliche Ursache dieses Verhaltens zu ver-
kennen? Nach Ablauf des dritten Tages ist die Prognose der
Diphtherie nicht mehr so schwer zu stellen, wie am ersten
Tage; die leichten Fälle sind nahezu oder ganz geheilt; bei
den mittelschweren zeigt sich auch schon oft eine Besserung.
Fälle aber, die der Berliner Arzt gerade vom 5. bis 8. Tage
der Krankheit in die Anstalt schickt, sind eben nahezu immer
so schwer, dass er selbst daran verzweifelt, sie genesen zu
sehen; hat er gegründete Aussicht auf Genesung, so schickt er
sie zu diesem Zeitpunkt der Krankheit für gewöhnlich nicht
mehr ins Krankenhaus; entschliesst er sich hierzu erst jetzt,
so sind meist Laryngostenose oder Sepsis die Ursache der

Ueberweisung. Dass Fälle, die am 5.—6. Tage noch unentschieden sind, sehr schwere, dass gerade für diese Periode der Aufnahme die Mortalität die grösste ist, darf wohl nicht Verwunderung erwecken[1]).

Das Dogma, dass bei einem frühen Beginn der Behandlung über 90 % gerettet werden müssen, ist also durch die bisher vorliegenden Zahlen noch ganz und gar nicht erwiesen[2]).

Die Frage, ob die Injektion des Serums, wie behauptet, durchaus unschädlich sei, darf als erledigt nicht angesehen werden. Man bedenke, dass bei den meisten neuen Heilmitteln die Nachtseiten erst nach längerer Beobachtung zu Tage treten. Immerhin geben die häufig beobachteten Exantheme zu denken. Dass Canon verhältnissmässig häufig Herzlähmungen beobachtet hat, fällt bei der geringen Zahl der Beobachtungen vorläufig nicht in's Gewicht; ebenso ist die Frage des Verhaltens der Nieren noch zweifelhaft. Dagegen muss als auffällig betont werden, dass ein Mittel, welches als Gegengift gerade die Giftwirkung der Diphtheriebacillenprodukte paralysiren soll, ihre specifische Wirkung, die Lähmungen, nicht verhindert.

Es kommt noch die äusserst wichtige Frage der Immunisirung Gesunder, aber Gefährdeter durch das Heilserum, an welche sich so viele Hoffnungen knüpfen, in Betracht. Ein Beweis für die schwanke Stütze der theoretischen Voraussetzungen ist der, dass die immunisirende Wirkung schon jetzt als nicht vorhanden zu bezeichnen ist. Die Beobachter haben Recidive zu verzeichnen. Kossel hat unter

---

[1]) Daher ist der Schluss von Ehrlich ganz unbegründet, wenn er aus der Thatsache, dass von den vom 6. Tage ab eingelieferten Kindern 50 % starben, folgert, dass das Durchschnittsmaterial kein leichtes war und dass die Ergebnisse der frühzeitigen Behandlung auf Rechnung des Heilmittels kamen. Gerade bei diesen späteren Fällen hätte eine Wirkung des Mittels überzeugend gewirkt.

[2]) Für die Prüfung der Angabe von Ehrlich, dass von 78 Fällen der beiden ersten Krankheitstage nur 2 starben, fehlen die Krankengeschichten; in einer soeben erschienenen Arbeit sagt Kossel, dass bei seinem Beobachtungsmaterial die Mortalität dauernd auf 16 % gesunken, von den Kindern des ersten und zweiten Krankheitstages kein einziges verloren worden sei. Da nähere Angaben fehlen, muss ich mich auf dieses Citat beschränken.

seinen nur 22 Fällen drei (!) Recidive trotz der Injektionen beobachtet, von denen eines tödtlich endete. Bei zwei weiteren Fällen, deren Geschwister diphtherisch erkrankt waren, wurden Immunisirungsversuche gemacht, aber vergeblich; beide Kinder erkrankten 2 Tage später an leichter Diphtherie. Kossel erklärt dies willkürlich dadurch, „dass das Serum dem Körper keinen dauernden Schutz verleiht, sondern dass die injicirten Antitoxine nach nicht sehr langer Zeit (wahrscheinlich 8 bis 14 Tagen) wieder aus dem Körper ausgeschieden werden". Mit der Hoffnung auf eine allgemeine Schutzimpfung gegen Diphtherie ist es somit vorbei; auch der Schutz gefährdeter Kinder wird zweifelhaft angesichts der Thatsache, dass Fälle von Kontagion oft erst einige Wochen nach dem ersten Falle auftreten. Man müsste dann so gefährdete Kinder Monate lang alle Woche einmal spritzen. Angesichts dieser Thatsache verlieren Beobachtungen wie die von Heubner und Mevius ihre Bedeutung. Dass die behandelten gesunden Kinder nicht erkrankten, trotzdem sie der Ansteckungsgefahr ausgesetzt waren, ist ein Vorgang, der auch ohne Schutzinjektionen nicht aussergewöhnlich ist.

Es ergeben sich also aus den bisherigen Erfahrungen über die Serumtherapie folgende Schlussresultate.

Eine Herabsetzung der Mortalität um einige wenige Procente gegenüber den sonstigen Ergebnissen ist vorläufig beobachtet worden; dieselbe hat möglicherweise theilweise ihren Grund in der Leichtigkeit der Fälle. Sie ist nicht so gross, um der Serumtherapie die Bedeutung einer specifischen Therapie zuzuerkennen; denn sie liegt in der Breite der für Berlin insgesammt für gewöhnlich zur Beobachtung gelangenden Mortalitätsziffer, die aus bekannten Gründen geringer ist als die der Krankenhäuser; sie ist aber immer noch eine ungewöhnlich hohe und viel bedeutender als in anderen, weniger heimgesuchten Städten.

Es ist in keiner Weise dargethan, dass die zu beobachtende geringe Herabminderung der Mortalität durch die Herkunft des Heilserums und nicht vielmehr durch die physiologische Wirkung der Injektionen einer tonisirenden Salzeiweisslösung hervorgerufen wird, entsprechend der Wirkung ähnlicher bekannter, physiologisch wirkender Behandlungsmethoden und den Erfahrungen von R. Pfeiffer bei der Choleravergiftung der Versuchsthiere.

Die Behauptung, dass der Beginn der Behandlung in den ersten zwei Tagen eine Genesungsziffer von mehr als 90 % ergeben muss, ist bisher in keiner Weise erhärtet. Soweit eine frühzeitige Behandlung bessere Erfolge aufweist, erklärt sich dies auch aus der Thatsache, dass die erst nach 4—5 Tagen der Erkrankung dem Krankenhause überwiesenen Fälle besonders schwere sind, daher auch ungünstigere Ergebnisse haben müssen.

Eine immunisirende Wirkung haben die Injektionen von Heilserum erwiesenermaassen nicht.

Ueber gesundheitschädigende Wirkungen der Behandlungsmethode liegen bisher Erfahrungen nicht vor, indessen ist es nicht ausgeschlossen, dass solche im Laufe der weiteren Beobachtung sich herausstellen.